ちくま文庫

増補　へんな毒　すごい毒

田中真知

筑摩書房

増補　へんな毒　すごい毒【目次】

第1章　毒のサイエンス　15

毒と薬のちがいとは？　16
毒性の強さはどのように表されるか　19
毒の侵入経路と効き方の関係　22
脳に効く毒、効かない毒　26
毒はどうして毒になるのか　30
毒にはどんな種類があるか　33
神経系のメカニズム　38
神経毒の二つのタイプ　43
アルカロイドとは何か　46
食中毒は何のしわざか　48

内毒素と外毒素　50
地上最強の毒は何か　53
解毒剤とは何か　58

第2章　動物毒の秘密　61

動物に由来する毒を知りたい　62
フグはなぜ自分の毒にあたらないのか　64
毒化する貝　69
イモガイから鎮痛薬が生まれる　75
クラゲの放つ毒入りカプセル　77
海産物最強の毒　80
クレオパトラをかんだヘビ　85

ハチの作りだす毒のカクテル 90
本当にいた毒鳥 95
熱帯雨林の宝石ヤドクガエル 97
サソリが人を救う? 100
クモ毒の不思議 103
地上最強、ボツリヌス毒素 105
O157とベロ毒素 112
煮ても焼いても食えないカビ毒 115
炭疽菌と生物テロ 119
破傷風毒素は逆流する 122
ペニシリンのいたちごっこ 124

第3章　植物毒の秘密　127

植物毒とはどんな毒か　128

「継母の毒」トリカブト　130

ハシリドコロとベラドンナ　133

チョウセンアサガオとアトロピン　136

毒ニンジンとソクラテス　138

きれいな花には毒がある――ヒガンバナ、スイセン　140

矢毒クラーレから筋弛緩剤へ　142

タバコとニコチン　145

リシンとマルコフ暗殺事件　149

身近な野菜に含まれる毒――ジャガイモ、ワラビ、フキノトウ、青梅　153

身近な野菜に含まれる毒2――ナス、ピーマン、キャベツ　157

キノコ毒の世界　161

ベニテングタケがみせる夢 168
マジックマッシュルームとシロシビン 172

第4章 鉱物毒・人工毒の秘密 177

鉱物毒・人工毒とは 178
亜砒酸 180
青酸カリ 185
タリウム、あるいは新緑の小枝 189
戦争が生み出した神経ガス 192
火山ガスにご用心——硫化水素ガス、二酸化炭素 197
不老不死の秘薬とされていた水銀 202
鉛の毒がローマを滅ぼした？ 205

内分泌攪乱化学物質（環境ホルモン）　208

第5章　麻薬とは何か　213

麻薬とはどういうものか　214
麻薬はなぜ効くのか？　217
アヘンの歴史　220
アヘンからモルヒネへ　225
鎮痛薬モルヒネと最悪の麻薬ヘロイン　227
コカとコカ・コーラ　229
コカインの作用　231
麦角と聖アントニウスの火　233
ＬＳＤの誕生　235

ペヨーテとメスカリン 238
大麻とマリファナ 241
覚せい剤の恐怖 244

第6章 毒の事件簿 247

希代の毒殺魔ブランヴィリエ侯爵夫人 248
ナポレオン暗殺の謎 250
タリウムと母親殺人事件 253
グレアム・ヤング事件 255
トリカブト殺人事件 257
毒入りカレー事件 261
地下鉄サリン事件 263

風邪薬殺人事件　265
リトビネンコ殺人事件　267

第7章　毒と生物の進化　269

地球を汚染した毒――酸素　270
オゾン層が生命の上陸を可能にした　273
なぜ野菜を食べなくてはならないのか？　275
植物の毒が恐竜を滅ぼした？　278
すべての植物は有毒植物？　280
昆虫と植物の軍拡競争　282
弱い毒タンニンの戦略　284
ヒツジを不妊症にして身を守る　287

ソラマメ中毒とマラリア　290
文庫版あとがき——なぜ、人は毒に魅せられるのか？　293
参考文献　303
索引

増補　へんな毒　すごい毒

第1章　毒のサイエンス

1―1 毒と薬のちがいとは？

一般的に「毒」という言葉には危険で良くないものというイメージがあり、その逆に「薬」とは安全で良いものと思われている。あたかも毒と薬というのは対立する別々の存在であるかのようである。

だが、科学的にみると、毒と薬の間に明確なちがいはない。毒も薬もともに生物活性に影響を与える作用があり、本質的にまったく同じものである。一部の毒が薬になるわけでもなく、両者は一体のものと考えてよい。その同じ化学物質が毒になったり、薬になったりするのは、ひとえにその量のちがいによるものである。

猛毒と見なされる物質であっても、その量を加減することによって「薬」にもなる。また逆に薬とされている物質であっても、一定の量を超えれば毒として、生命活動を害することになる。

例えば猛毒の毒草トリカブトにしても、その塊茎《かいけい》を乾燥したものは漢方の世界で「*附子《ぶし》」と呼ばれ、強心や利尿作用を持つ薬として用いられていた。ただし、量をまちがえると、嘔吐や口のしびれが起き、たちどころに死に至る恐ろしい猛毒となる。

どうして、このようなちがいが生じるのか。それはトリカブトに含まれているアコニチンという物質の性質による。アコニチンは神経細胞のナトリウムチャンネル**を勝手に開き、細胞内へ大量のナトリウムイオンを流入させて、信号が伝わる邪魔をする。その結果、神経伝達物質のアセチルコリン***の遊離が抑えられ、神経回路の信号伝達が阻害される。もし、神経が異常に興奮しているときに適量のアコニチンを投与すれば、興奮が鎮まり、体の状態が正常に戻る。つまり薬としての効果を示すのである。しかし、ある一定の量を超えて過剰に摂取すると、知覚神経が麻痺し、呼吸が阻害され、ついには窒息死を起こすのである。

これは毒物と呼ばれているアコニチンのような物質に限らない。もっと一般的な物質、例えばサプリメントとして注目を集めている亜鉛のようなものにしても同じである。亜鉛には皮膚を作ったり、免疫機能を高める効果があるとされているが、人間が1日に必要とする亜鉛の量は10〜15ミリグラム程度である。もし過剰な摂取を続けていれば、吐き気や下痢、筋肉痛などを引き起こし、亜鉛中毒に陥ることもある。

身の回りに存在するあらゆる物質は、酒であれ、砂糖であれ、塩であれ、毒になりうる。毒か薬かというちがいは物質の性質の問題ではなく、人間側の用い方の問題なのである。

＊附子　猛毒のトリカブトの根を乾燥させたもの。漢方薬として用いられていた。

＊＊ナトリウムチャンネル　神経細胞の膜にはナトリウムイオンを通す「穴」つまりチャンネルがたくさんあり、この穴を通ってナトリウムイオンが細胞内に流れ込むと、細胞の外と内に電位差が生じ、インパルス（活動電位）が発生する。すると隣りのナトリウムチャンネルが開いてインパルスを発生し、このインパルスが波のように次々と神経中を伝わっていく。神経中を伝わる電気信号はこのインパルスであり、電線のように電子が流れるわけではない。41ページ参照。

＊＊＊アセチルコリン　神経と神経をつなぐ部分にはすき間があり、このすき間に神経伝達物質が放出されて電気信号が伝わる。アセチルコリンはこの神経伝達物質の1つで、放出されると相手の神経細胞の受容体に結合し、相手側にインパルスが発生する。

1－2　毒性の強さはどのように表されるか

毒には、ごく少量で猛毒性を発揮するものもあれば、かなりの量を投与しなければ毒性が表れないものもある。毒性の強さのちがいは、どのように表されるのだろうか。

毒の量と、その強さとの間には相関関係がある。毒の量が少な過ぎて、効果を発揮しない場合は「無効量」と呼ばれ、効果を発揮する量は「中毒量」あるいは「効果量」と呼ばれる。死に至るほどの量は「致死量」である。

このような毒の量と、その及ぼす効果の関係性を利用して、毒の強さを表す指標となっているのが「ＬＤ50」という値である。「ＬＤ50」とは半数致死量（lethal dose 50%）の略であり、その量を投与すると、実験動物の半数が死んでしまうと予想される値を意味している。例えば、体重1キログラム当たり2ミリグラムの毒を10匹のマウスの静脈に投与し、そのうち5匹が死亡したとすると、その化合物の毒性は「LD_{50} 2 mg/kg (iv)* mouse」というふうに表される。つまり、ＬＤ50の値が小さいほど毒性が強く、大きければ弱いということになる。

また、ＬＤ50が10 mg／kgという化合物があったとすれば、それは体重1キログラム当たり10ミリグラムの投与で、投与された動物の半数が死ぬことを示す。体重50キログラムの人の場合なら、10mg/kg×50kgで、その値は500ミリグラムとなる。

ＬＤ50はいわゆる毒物とされているものだけに適用されるわけではない。例えば食塩の場合、ＬＤ50値は４g／kgとされている。普通には考えにくいが、体重50キログラムのヒトが200グラムの塩分を一度にとったら、命にかかわるというわけである。塩自体には毒性はないが、これだけの量を摂取すれば、血中のナトリウムと塩素濃度が急激に高まり、細胞内が脱水状態になり、脳細胞の萎縮や、脳血管拡張、クモ膜下出血などを引き起こしかねない。

＊（iv） intravenousの略、静脈（venous）の内部へ（intra）の意味で、ここでは静脈注射のことを指す。

LD$_{50}$　2 mg/kg（iv）mouse

体重 1 kg当たり 2 mgの毒を10匹のマウスに静脈投与すると
5 匹（半数）が死亡するという意味

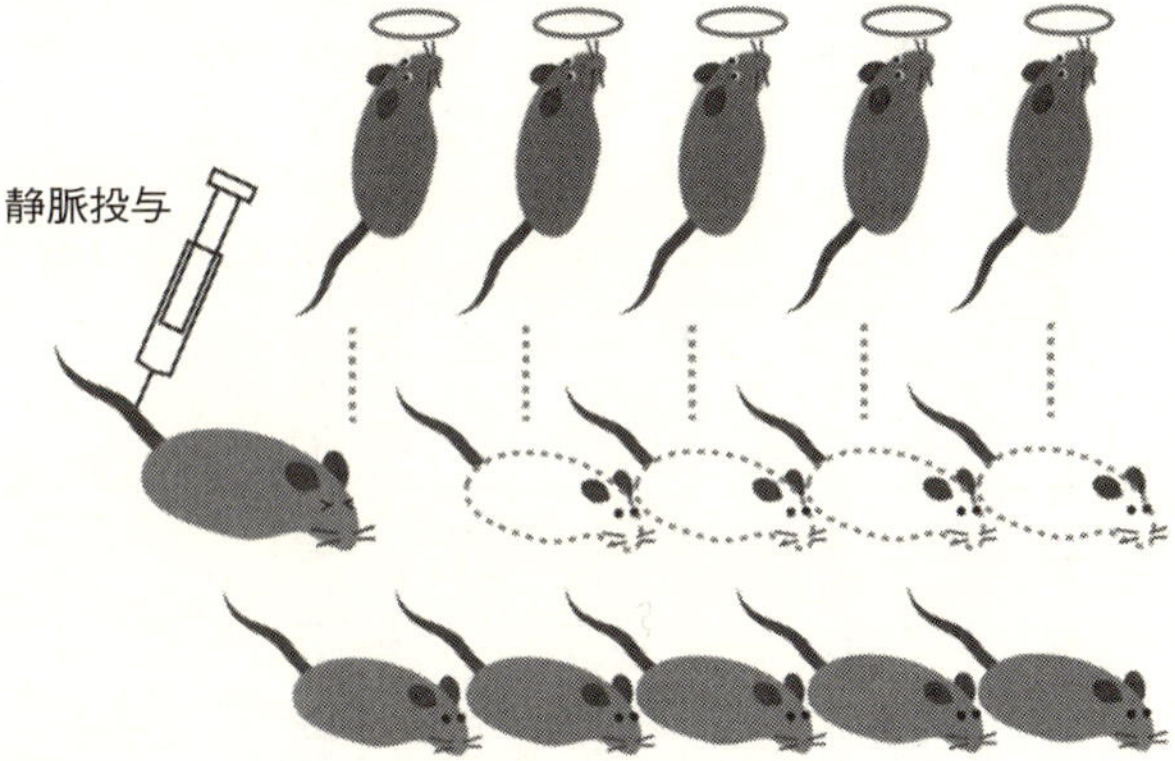

1－3　毒の侵入経路と効き方の関係

化学物質が体内に入るには、さまざまな経路がある。口から薬の錠剤などを摂取する場合は経口投与（po）と呼ばれる。この場合、毒や薬は消化管から吸収され、門脈*を通って肝臓に入る。そこで分解（解毒）されたのち、残りの一部が血液によって各臓器や器官に運ばれ、それぞれの毒性を発揮する。ただし、経口の場合、1週間で毒素の90パーセントが体外に出るといわれている。

静脈内注射（iv）、皮下注射（sc）、腹腔内注射（ip）など、注射によって体内に化学物質を送り込む投与法もある。こちらは消化液の影響を受けず、肝臓も通過しないため、投与された物質は化学変化を受けにくく、吸収も速やかに行われる。

また病原菌や毒ガスのように呼吸によって肺から吸収されて血中に入るという経路もある。びらん性**の毒ガスなどは、皮膚から直接吸収される。皮膚から吸収されている有害物質は「経皮《けいひ》毒《どく》」と呼ばれるが、日常生活の中にも経皮毒性のある物質は少なくない。化粧品の保湿剤や乳化剤として含まれるプロピレングリコール***や、合成洗剤のラウリル硫酸ナトリウム（合成界面活性剤）も、量によっては皮膚組織や角質層を

毒の体内への侵入経路

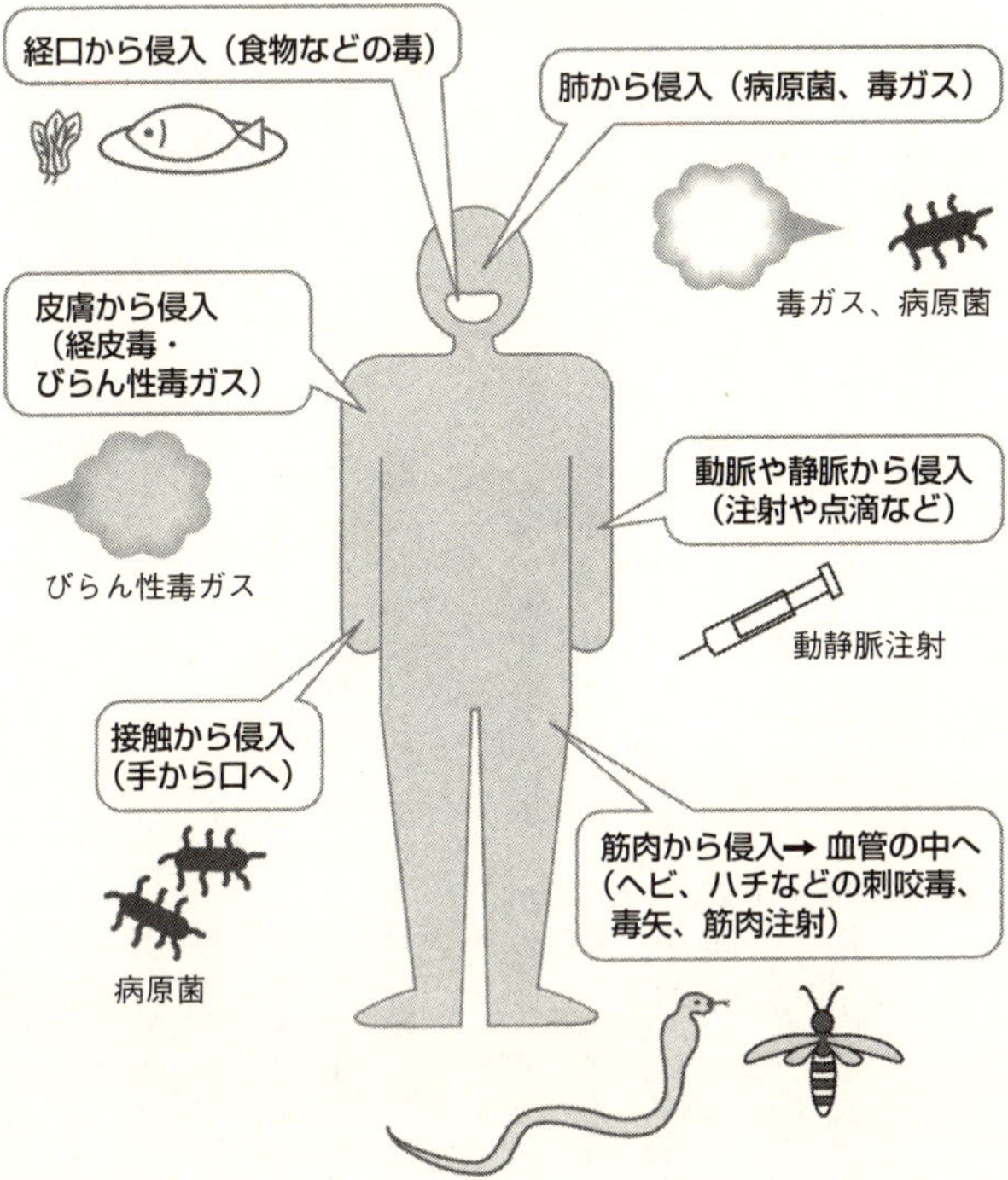
経口から侵入（食物などの毒）
肺から侵入（病原菌、毒ガス）
毒ガス、病原菌
皮膚から侵入
（経皮毒・
びらん性毒ガス）
動脈や静脈から侵入
（注射や点滴など）
びらん性毒ガス
動静脈注射
接触から侵入
（手から口へ）
筋肉から侵入➡ 血管の中へ
（ヘビ、ハチなどの刺咬毒、
毒矢、筋肉注射）
病原菌

破壊する作用がある。皮膚から吸収された毒は直接、血管やリンパ管に入り体中に流れ、その後も皮下組織に蓄積されやすい。

このように毒や薬の侵入経路はさまざまであり、その経路によって効き方にもちがいが表れる。そのため毒の強さの指標とされるLD50値も、その体内への侵入経路によって同じ物質であっても異なる値を示すのである。例えば、ストリキニーネ****のラットに対するLD50値は経口では約20mg/kgなのに対して、皮下注射（sc）では1・2mg/kg、腹腔内注射（ip）では2・1mg/kgとなる。つまり、経口投与に比べて、毒性の強さが10倍近く上がる。

ちなみにストリキニーネは熱帯アジアで矢毒として長年、使われてきた。獲物の血中に直接毒を注入する矢毒としての利用法は、効き目という点からみても極めて合理的といえるだろう。毒ヘビにかまれるケースも、いわば筋肉注射*****と同じで血中に直接、毒を送り込むことによって、全身に毒が回りやすくなるのである。

逆に、この毒が口から入った場合は、胃酸による分解を受け、腸管からの吸収もされにくいため、十分な効果が表れない。猛毒の矢でしとめた獲物の肉を食べても、毒に冒されないのは、このような性質があるからである。

＊**門脈**　胃・腸などからの血液を集め肝臓にまとめる血管で、門静脈ともいう。
＊＊**びらん**　皮膚・粘膜の一部が欠損し、その欠損が表面の粘膜にとどまるもの。ただれ。
＊＊＊**プロピレングリコール**　化粧品などに使われるアルコール類の一種。水になじむ水酸基を2個もち、保湿性がある液状、皮膚への浸透性もよい。
＊＊＊＊**ストリキニーネ**　東南アジア原産のマチン科の木になる種子からとれるアルカロイドで、猛毒。無色の結晶で、強い苦味を持つ。脊髄に対して強力な興奮作用を持ち、激しいけいれんを起こさせ、最悪の場合、呼吸麻痺をもたらす。
＊＊＊＊＊**筋肉注射**　皮膚層を抜けて筋肉層に薬剤を注入するもので、毛細血管を通じて薬が吸収される。直接静脈に注射する場合より、薬の吸収速度がゆっくりで、それだけ効果が持続する時間が長い。注射部位は臀部や太もも、肩の筋肉が選ばれる。

1－4　脳に効く毒、効かない毒

毒の強さは、ＬＤ50値によって決まるわけではなく、経口や経皮などの侵入経路によっても大きく左右されると述べた。そのほかにも、毒の効き方と大きく関係しているのは、それぞれの毒と臓器との親和性のちがいである。

毒はその性質によってどの臓器に作用しやすいかが異なる。ある毒は肝臓に作用しやすく、ある毒は腎臓には作用しやすい。また、ある毒は腎臓にはダメージを与えるが、神経系には作用しにくいといった性質が存在する。

特にある毒が神経系に影響を及ぼすかどうかのちがいは、その物質が血液・脳関門を通過できるかどうかによって決まってくる。血液・脳関門とは、いわば脳に至る毛細血管中の関所のようなものである。脳以外の毛細血管では細胞同士の間にすきまがあるが、脳につながる毛細血管では細胞同士のすきまがない。このため毒性のある物質であっても、脳内に侵入できずにはねかえされてしまうのである。

しかし、中にはこの脳関門を通過してしまう物質もある。そうした物質は細胞同士のすきまではなく、細胞内を通過することによって脳内へと侵入する。一般的に低分

血液・脳関門の仕組み

脳と末梢組織における血管の構造の比較

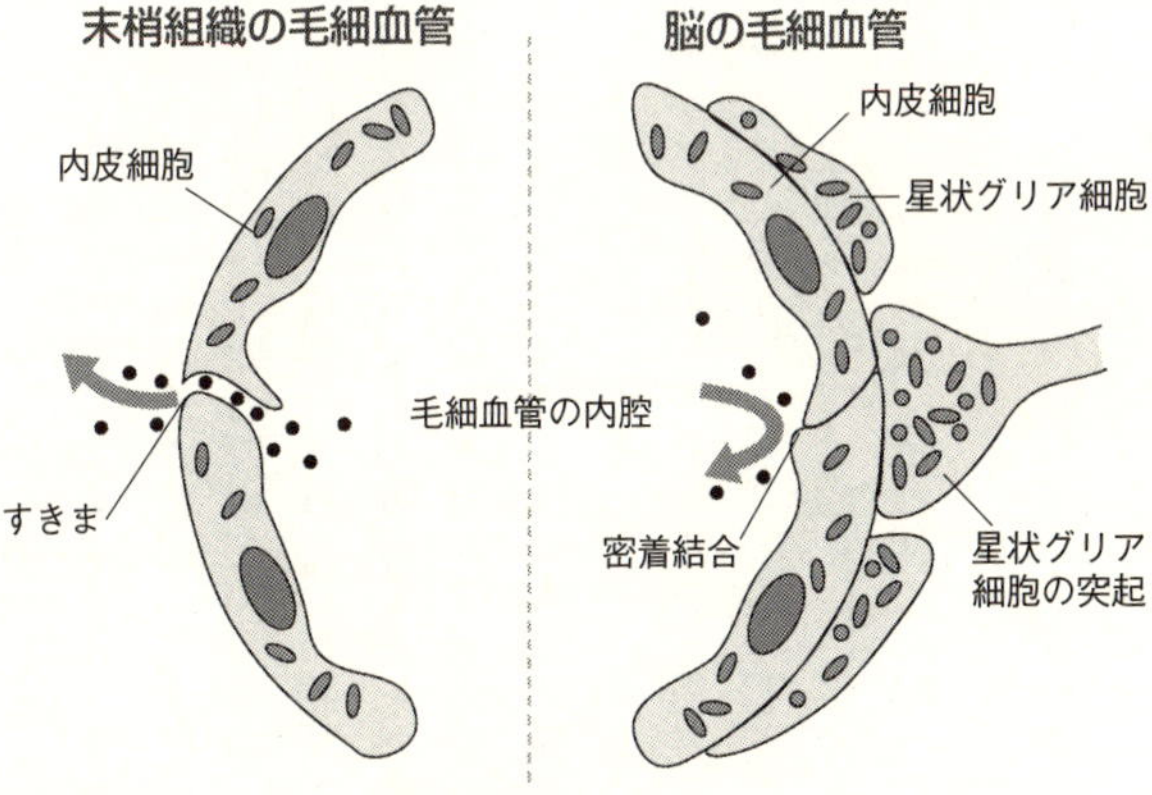

毛細血管の断面

右側が脳の毛細血管で、左側が末梢組織（筋肉）の毛細血管を表す。脳の血管では、血管壁の内皮細胞同士が密着結合しているため、不要な物質を通さない。これが血液・脳関門である。

末梢組織では内皮細胞同士にすきまがあり、物質を通過させる構造になっている。また、脳では血管の内皮細胞の外側を*星状グリア細胞が取り巻き、二重の関門になっている。星状グリア細胞の細胞膜には、特定の物質のみを通過させる輸送系が存在する。

子で、脂溶性の化合物は血液・脳関門を通過しやすい。これは脳の神経細胞膜が油に溶けやすいリン脂質で作られているためである。タバコを吸い過ぎたり、お酒を飲み過ぎると頭がふらふらするのは、タバコに含まれるニコチンや、酒に含まれるアルコールが、こうした脂溶性の分子からできているせいである。

アルコールなどと同様に、麻薬とされている物質も血液・脳関門を通過して脳に作用を及ぼす。例えば、ケシに含まれる成分であるモルヒネもそうである。モルヒネは脳内に侵入し、中枢系に鎮静作用をもたらす効果があるため、麻酔薬として使われている。しかし、実際のところ、モルヒネの脳関門通過率はわずか2パーセントほどにすぎない。

ところが、このモルヒネに塩化アセチルを作用させて合成したヘロインとなると、その脂溶性はモルヒネをはるかに上回り、その脳関門通過率もモルヒネの30倍といわれている。そのため摂取量によっては激しい中毒症状を引き起こし、昏睡状態に陥ったり、ショック死することもあり、依存症にも陥りやすい。モルヒネ以上の医療用麻薬として開発されたヘロインであったが、こうした副作用のすさまじさのため、現在ヘロインの販売はおろか製造そのものが禁止されている。

＊星状グリア細胞　神経系を構成する神経細胞以外の細胞をグリア細胞といい、そのグリア細胞の一種。神経系や血液脳関門の形成などを担う。アストロサイトとも呼ばれる。

1－5 毒はどうして毒になるのか

毒はその性質によってどの臓器に作用しやすいかが異なると述べたが、そのメカニズムをもう少しくわしくみてみよう。

話は19世紀後半にさかのぼる。ノーベル賞を受賞した細菌学者ロベルト・コッホに師事していたドイツの細菌学者のパウル・エールリッヒは、医学部在学中より合成色素を用いた細菌の染色実験に興味を持っていた。

あるときエールリッヒは結核患者の病理切片に染色を行ったところ、結核菌*が色鮮やかに染め出されていた。つまり、化合物はそれぞれの細胞に対して、特異的な親和性を示すことがわかったのである。エールリッヒはこの発見をもとに、病気の原因となる細菌とだけ結合して、その成長を阻害するような色素の合成に取り組んだ。それはのちに、トリパンロート（トリパノソーマ治療薬）やサルバルサン（梅毒治療薬）として実現されることになる。

体内に入った化合物が、特定の細胞に対して親和作用を持つとき、その化合物と結合する部位を受容体という。神経の伝達にかかわるアセチルコリンやノルアドレナリ

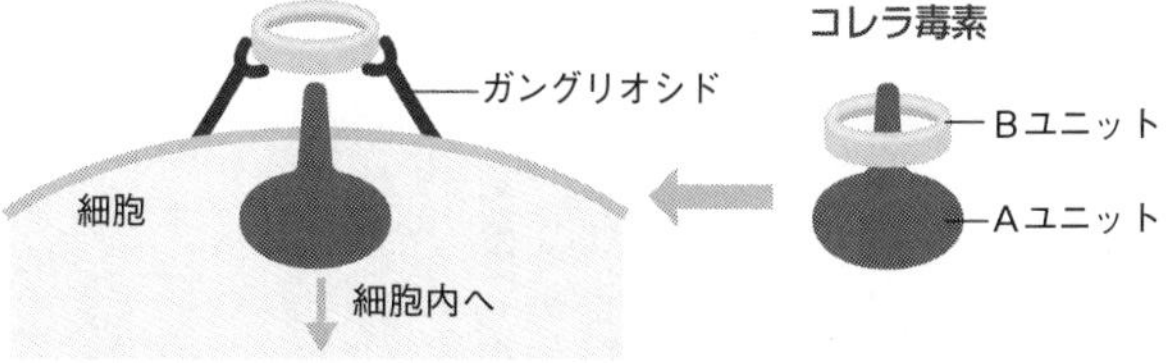

ンなどの神経伝達物質や、各種のホルモンについても、こうした受容体が存在している。

毒についても、それぞれ結合しやすい受容体が存在する。そのメカニズムは毒の種類や、標的となる臓器、組織などによってさまざまである。例えば、コレラ菌が体内に入ると、感染者の体内でタンパク質毒素を作る。この毒素はA、B二つのユニットからなり、Bユニットは細胞表面のガングリオシドGM1という糖脂質を受容体として結合する。その間に、Aユニットは細胞膜を突き抜けて、細胞内に進入し、細胞膜内のタンパク質リン酸化酵素を活性化する。

リン酸の活性化は、ナトリウムイオンの輸送に働くナトリウムチャンネルのタンパク質の活動を阻害し、その結果、ナトリウムイオンの細胞内への流入が滞り、電解質**濃度を一定に保つために(浸透圧を保つために)、細胞内の水分が細胞外に送り出される。その水分が腸壁から粘液として分泌され、コレラ特有の水様の下痢が発症することになるのである。

コレラの毒素の作用のメカニズムは、比較的よくわかっているものである。しかし、さまざまな有毒化合物がそれぞれに体内で特有の反応を引き起こすそのメカニズムは複雑で、すべてが明らかになっているわけではない。

＊結核菌　ヒトに感染すると結核を引き起こす細菌。結核は、初期は風邪の症状と同じだが進行すると全身がだるくなり、胸痛、寝汗、さらに喀血（肺からの出血）にまで進む。かつては死の病と恐れられた感染症。

＊＊電解質　水に溶けると電荷をもつイオンになる物質のことで、塩（塩化ナトリウム）は、水中でナトリウムイオンと塩素イオンに分離する。ほかにカルシウム、カリウム、マグネシウムなどがイオン化する。

1－6　毒にはどんな種類があるか

一口に毒といっても、その種類はさまざまである。どのような基準で毒を分類するか、その方法もさまざまである。

一つは、毒をその起源から分ける方法である。たとえばトリカブトなどの植物に由来する毒、毒蛇など動物に由来する毒、細菌やウイルスなど微生物に由来する毒、鉛や水銀など鉱物に含まれる毒もある。こうした自然界に存在する天然毒に対して、砒素や青酸カリなど人間の手によって化学的に合成された毒もある。

日本語ではこれらはすべて「毒」と総称されるが、英語では毒を表す言葉は「ポイズン（poison）」「トキシン（toxin）」「ヴェノム（venom）」の三つがある。ポイズンは天然毒と化学合成された毒すべてを表し、トキシンは病原菌など生物に由来する毒素を表す。毒物学・毒性学はトキシコロジー（toxicology）と呼ばれている。ヴェノムは、動物の毒のうち、特に毒蛇やサソリやハチなど毒腺をもった生物から分泌される毒液を指す。

また、毒を生物への作用の仕方によって分けることもある。よく使われるのは、神経毒、血液毒（出血毒）、細胞毒といった分類である。

神経毒は、体内に吸収されると主として神経系にダメージを与えるものである。フグ毒のテトロドトキシンや、犯罪に使われたサリン、さらにタバコに含まれるニコチンなどが、これにあたる。神経毒による主な中毒症状としては、呼吸困難や心不全、けいれんなどがある。

血液毒は、その名のとおり、血中の赤血球などを破壊したり、毛細血管壁を破壊したりする作用を持つ。例えば、マムシやハブなどの毒がこれにあたる。これらのヘビにかまれると、組織と血管が破壊され、皮下出血が起こり、激しい痛みや吐き気、腫《は》れなどが引き起こされる。

細胞毒は、細胞膜を破壊したり、その酵素を冒してエネルギー代謝やタンパク質の合成を阻害したり、またはＤＮＡ*の遺伝情報を狂わせてしまうなどの働きをする。いわゆる発ガン性物質と呼ばれるものや、サリドマイドなど催奇形性物質がこれに相当する。

ただ、こうした分け方はいずれも便宜的なものであり、実際には例えば鉛のように、一つの毒物が神経毒であるとともに、血液毒であるというケースも少なくない。

毒の分類

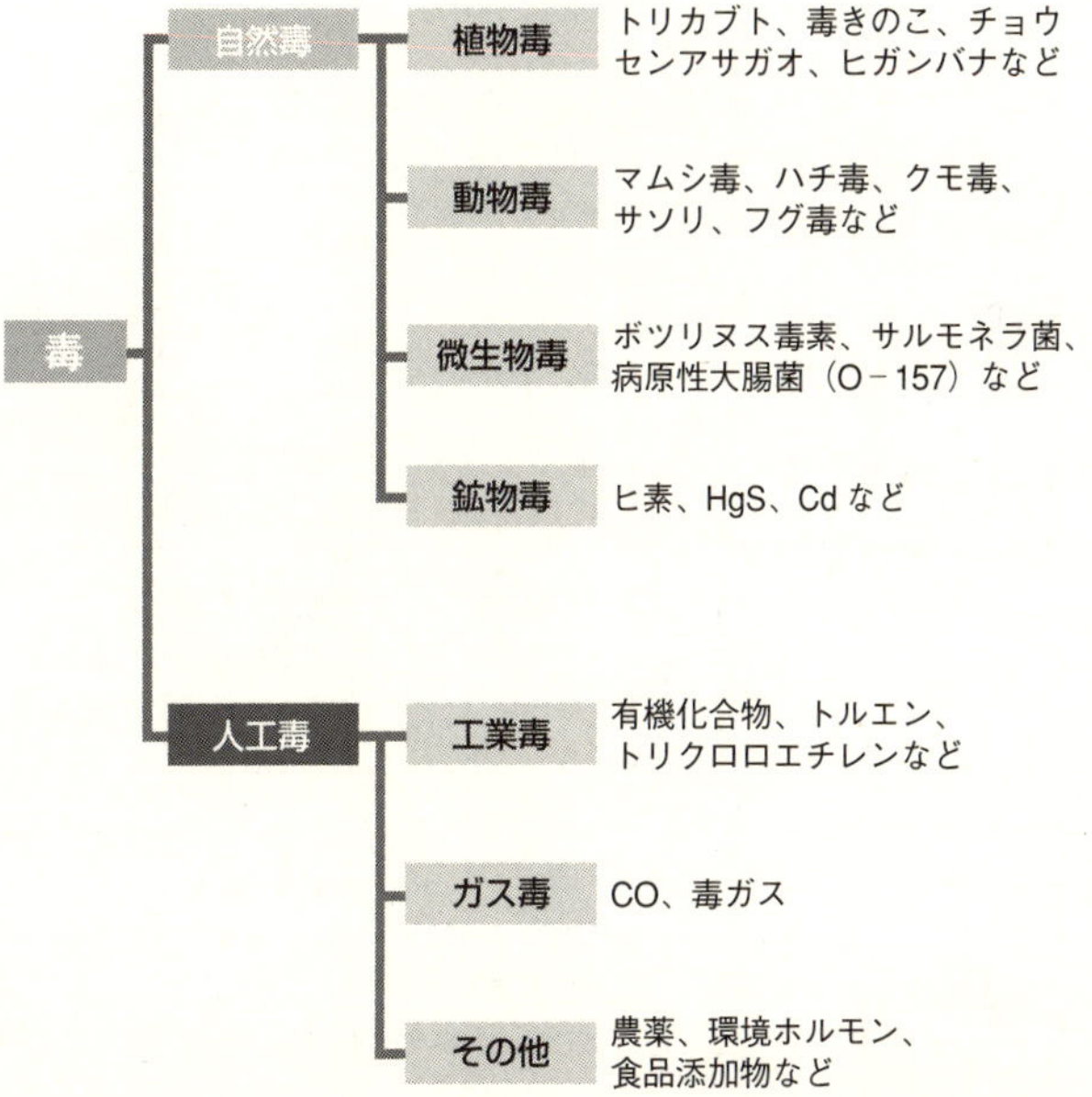
毒
自然毒
植物毒
トリカブト、毒きのこ、チョウセンアサガオ、ヒガンバナなど
動物毒
マムシ毒、ハチ毒、クモ毒、サソリ、フグ毒など
微生物毒
ボツリヌス毒素、サルモネラ菌、病原性大腸菌（O－157）など
鉱物毒
ヒ素、HgS、Cd など
人工毒
工業毒
有機化合物、トルエン、トリクロロエチレンなど
ガス毒
CO、毒ガス
その他
農薬、環境ホルモン、食品添加物など

毒の作用による分類

生物への作用の仕方によって分類

	毒の種類	毒の作用
神経毒	フグ毒のテトロドトキシン、貝毒のサキシトキシン、ボツリヌス毒素、サソリの毒、テングタケやシビレタケの毒、コブラ毒	神経の信号伝達を阻害して、神経や筋肉の麻痺を引き起こす。呼吸困難や心不全、けいれんをもたらす
血液毒	マムシやハブの毒	赤血球や血管壁を破壊して出血させる。激しい痛み、吐き気や腫れを引き起こす
細胞毒	発ガン性物質。サリドマイド、有機水銀（水俣病など）、内分泌攪乱物質などの催奇形性物質	細胞膜の破壊やタンパク質合成の阻害、遺伝子DNAへの傷害など。発ガンや生殖異常、奇形の発生をもたらす

＊DNA　デオキシリボ核酸（DNA）は、「生命の設計図」である遺伝子の実体である。糖とリン酸と塩基のユニットが鎖状に長く連なった構造をしていて、その鎖が2本、らせん状につながっている。塩基は、アデニン、グアニン、チミン、シトシンの4種類で、この塩基の組み合わせで遺伝情報が書かれている。

1-7　神経系のメカニズム

フグ毒のテトロドトキシン、トリカブトのアコニチン、化学合成されたサリンなどは、いわゆる神経毒にあたる。しかし、同じ神経毒と呼ばれるものでも、例えばトリカブトのアコニチンと、サリンとでは、それぞれの毒の作用の仕方にはちがいがある。

そのことについて述べる前に、人間の神経系のメカニズムについて触れておきたい。人間の神経系は、中枢神経系（脳と脊髄）と末梢神経系（運動神経、知覚神経、交感・副交感神経）からなる。中枢神経系はいわばホストコンピューターのようなものであり、ここから発せられた命令が臓器や筋肉などの人体各部に伝えられる。逆に感覚を通して入ってきた情報を中枢神経系に伝えるネットワークが末梢神経系にあたる。

中枢神経系にあたる脳や脊髄は膨大な数の神経細胞（ニューロン）からなり、これらの神経細胞が情報を交換し合うことによって、人体の内外からのさまざまな情報を処理している。この神経細胞からは軸索と呼ばれる神経線維が伸び、その末端が別の細胞の神経線維（樹状突起）と連絡している。

筋肉に刺激が加わったり、脳から筋肉に命令が発せられると、この神経線維の中を

神経系の情報伝達の仕組み

神経細胞

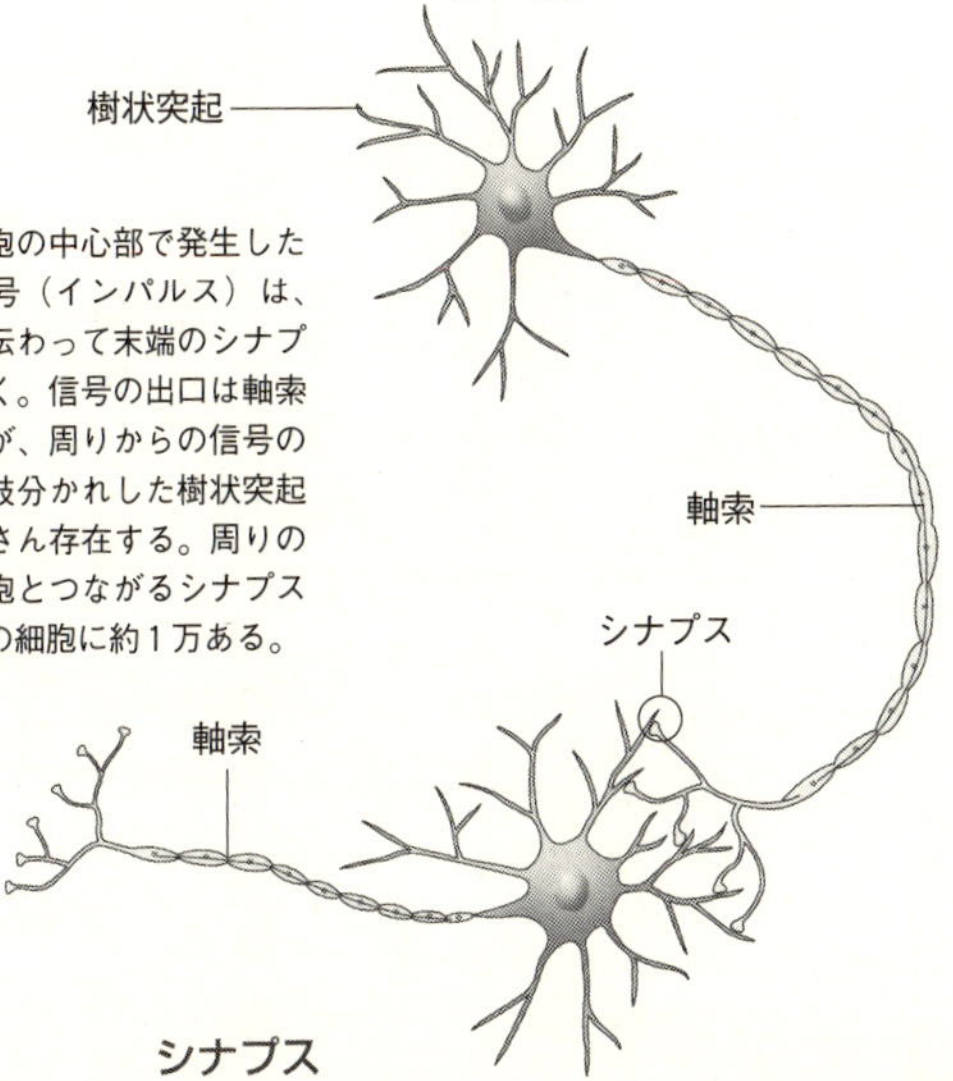

神経細胞の中心部で発生した電気信号（インパルス）は、軸索を伝わって末端のシナプスに届く。信号の出口は軸索1本だが、周りからの信号の入口は枝分かれした樹状突起にたくさん存在する。周りの神経細胞とつながるシナプスは1個の細胞に約1万ある。

シナプス

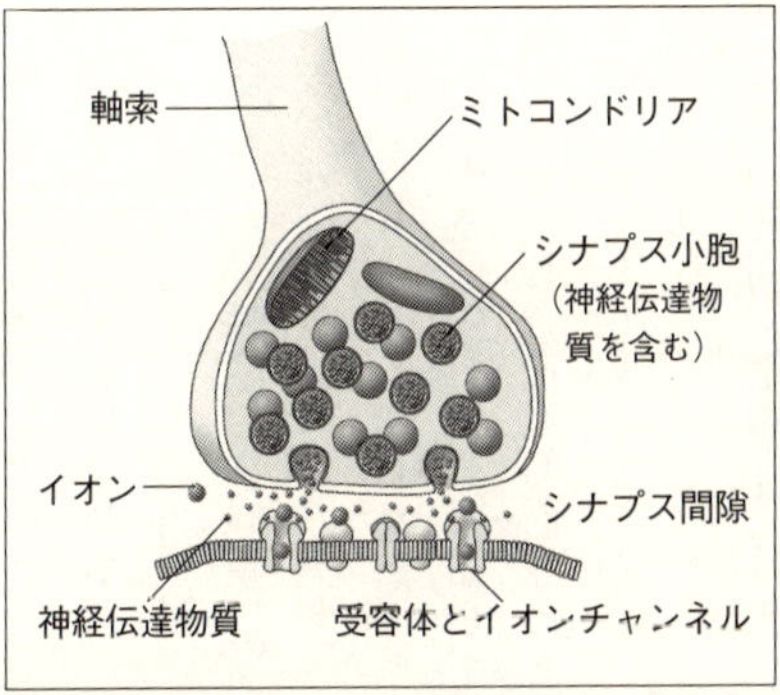

シナプスとは、神経と神経の接合部のことで、軸索末端のふくらみとすき間と相手の神経細胞の受容体部分とをまとめていう。インパルスが末端に伝わると、その刺激で神経伝達物質が放出され、相手細胞の受容体に結合する。するとイオンチャンネルが開き、ナトリウムイオンなどが流入してインパルスを発生し、信号が伝わる。

インパルスと呼ばれる電気的信号が伝わっていく。神経の軸索の中は通常、カリウムイオン（K^+）濃度が細胞の外側より高く、一方、ナトリウムイオン（Na^+）濃度は外側のほうが内側よりずっと高い。このため神経が活動していないときには、細胞の外側はプラス、内部の電位は常にマイナスである。ここに刺激が伝わると、軸索の細胞膜にたくさん存在するナトリウムイオンを通すチャンネルが開き、外側からプラスのナトリウムイオンが流入してくる。すると、その部位の電位が高くなり、インパルス（活動電位）を発生する。次いで隣りのナトリウムチャンネルがこの電位の変化を察知し、チャンネルを開く。こうして次々とインパルスが軸索に沿って発生し、電気的信号として伝導される。少し時間をおいてカリウムチャンネルが開き、カリウムイオンが外側に出て、その部位は元のマイナス電位に戻る。これが繰り返される。

　こうして神経の末端にやってきた電気的信号は、ほかの神経や筋肉に情報を受け渡すことになるのだが、神経の末端と末端の間には「シナプス」*と呼ばれるわずかなすきまが存在する。ここでは神経は電気的信号ではなく、神経伝達物質と呼ばれる化学物質を介して情報を伝える。その化学物質にはアセチルコリン、アドレナリン、ドーパミンなど、現在、約１００種類あることが知られている。

ナトリウムチャンネルと神経

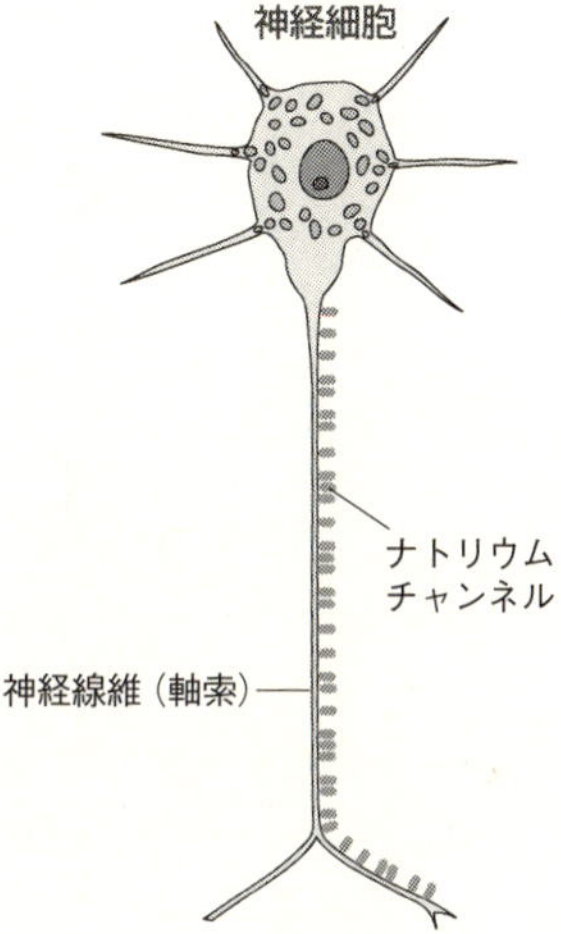

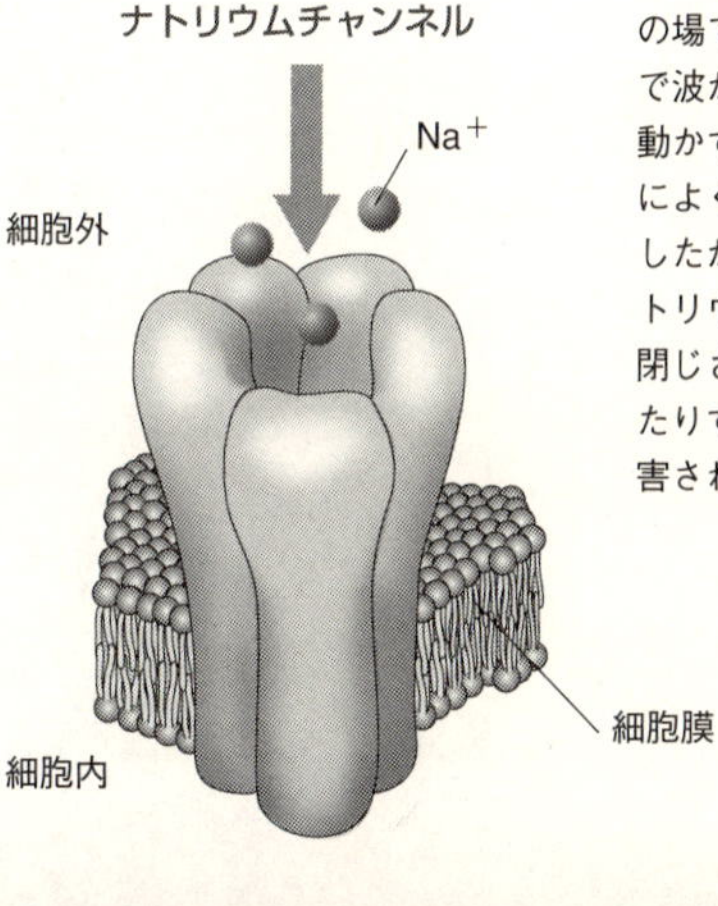

神経が電気信号を伝えるしくみは、ナトリウムチャンネルが担っている。チャンネルが開くとプラスのナトリウムイオンが流入し、細胞内の電位が上がる。細胞内は外に比べて通常、電位がマイナスになっているので、元にもどろうとインパルス（活動電位）が発生する。これを発火ともいう。インパルスが発生すると、その刺激が隣接するナトリウムチャンネルに伝わり、そこでもチャンネルが開き、ナトリウムイオンが流入し、インパルスが発生する。こうして神経線維の膜表面に並んだナトリウムチャンネルが次々に開き、インパルスの発生が波のように伝わっていく。ナトリウムイオンはその場で出入りするだけなので、海で波が起きるとき、水はその場を動かず、上下運動だけが伝わるのによく似ている。

したがって、もし何かの毒素がナトリウムチャンネルに作用して、閉じさせたり、開きっぱなしにしたりすれば、正常な信号伝達が阻害される。

＊シナプス　神経細胞と神経細胞の接合部分で、すきまの幅は約20ナノメートル。シナプスとは、正確には神経線維の末端部分とすきまと相手細胞の受容体のある部分とをいっしょにしていう。

1-8　神経毒の二つのタイプ

神経毒と呼ばれる毒も、その種類によって、電気的信号による情報の伝導を阻害するものと、シナプスにおける化学物質による伝達を阻害するものの二つに分かれる。

前者の電気的信号に作用するタイプの神経毒には、例えばトリカブトのアコニチン、フグ毒のテトロドトキシンなどがある。トリカブト毒のアコニチンには、細胞のナトリウムチャンネルを開放して、細胞内にナトリウムイオンを大量に流入させてしまう作用がある。これによって正常な細胞内外の荷電の変化が阻害されるのである。

後者のシナプスに作用するタイプの神経毒には、例えば、神経ガスのサリン*がある。サリンはシナプスで働くアセチルコリンという神経伝達物質と似た構造を持つ。

アセチルコリンは正常な状態のときには、シナプスを介して情報を伝えた後、コリンエステラーゼという酵素によって分解される。ところが、アセチルコリンと構造の似ているサリンが体内に入ると、コリンエステラーゼはサリンと結びついてしまう。その結果、アセチルコリンは分解されずに残ってしまい、神経は異常に興奮し、命にかかわるさまざまな症状を引き起こすのである。

サリンとアセチルコリン

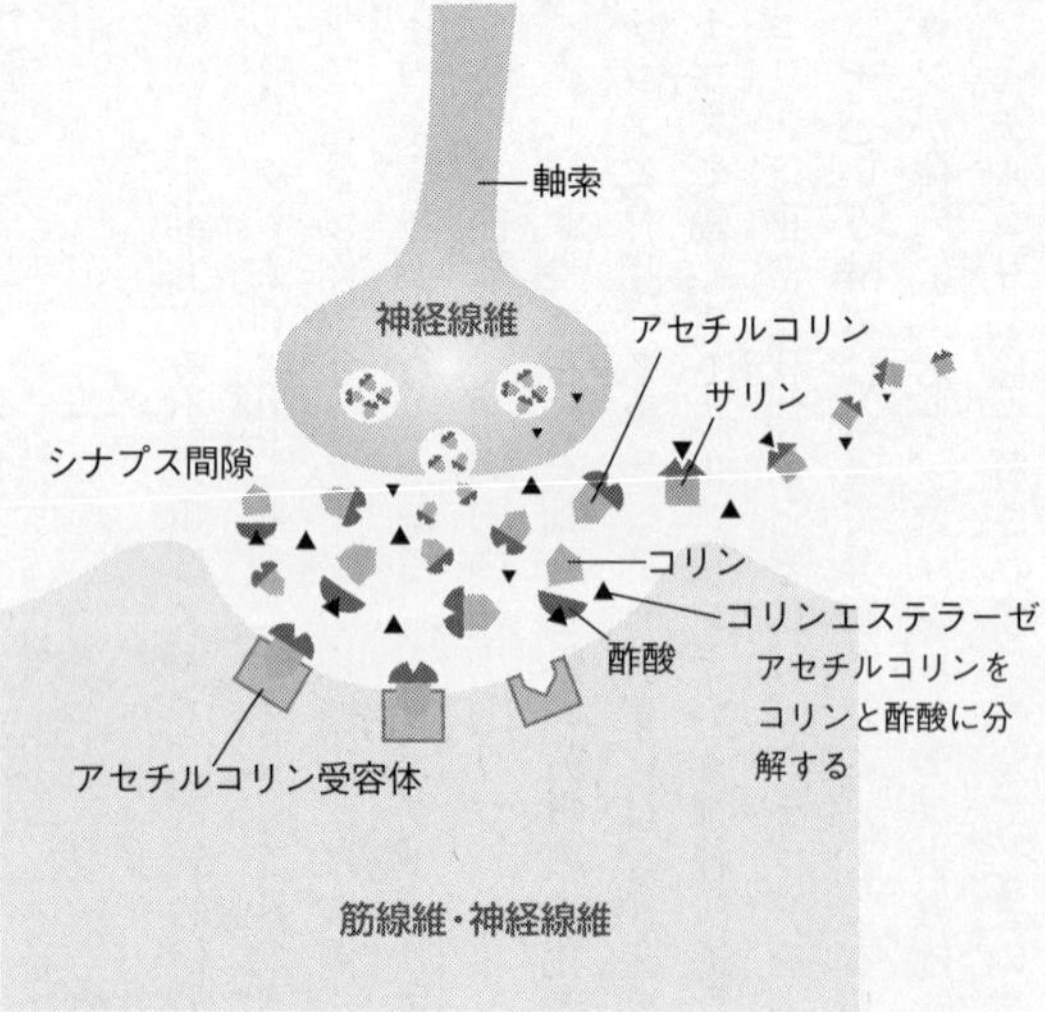

神経線維の末端に電気信号が到達するとアセチルコリンがシナプス間隙に放出され、筋や神経のアセチルコリン受容体に結合し、信号が伝達される。そのあと酵素コリンエステラーゼがアセチルコリンを分解し、次の信号に備える。

神経毒サリンは、アセチルコリンと構造が似ているため、コリンエステラーゼと結合し、アセチルコリンの分解を妨害する。アセチルコリンが分解されずに残ると、次の信号伝達が妨害され、筋収縮ができず麻痺を引き起こす。

＊サリン　代表的な神経ガス。ナチスドイツ下で開発された。サリン（SARIN）の名は開発に携わった4人の科学者の名を組み合わせたもの。アセチルコリンを分解する酵素コリンエステラーゼを阻害することで、神経に障害を起こす。

1-9 アルカロイドとは何か

毒物中毒を報じる新聞記事などで、「アルカロイド系の猛毒」といった言い回しをときどき目にする。けれども、あらためてアルカロイドとは何かと聞かれると、意外と知られていない。

アルカロイドとは「アルカリのようなもの」を意味し、分子の中に窒素を含むアルカリ性の動植物成分の総称とされている。その分類としては、窒素と基本骨格がアミノ酸に由来する真性アルカロイド、基本骨格が非アミノ酸に由来するプソイドアルカロイド、窒素と基本骨格がアミノ酸に由来するが脱炭酸をともなわない不完全アルカロイドに大別される。

アルカロイドは強い生物活性を持つものが多い。その理由は、酵素や核酸*のように生体反応に直接かかわる物質の多くが窒素化合物であり、またアセチルコリンやノルアドレナリンといった神経伝達にかかわる物質がアルカロイドであるせいである。たとえ弱い毒性を持つアルカロイドであっても、一度体内に取り込まれると、速やかに生体反応を起こしてしまうのである。

植物毒は、その多くがアルカロイドである。例えば、トリカブトのアコニチン、ベラドンナのアトロピン、矢に塗る毒として使われたクラーレ、ナス科のハシリドコロに含まれるスコポラミン、タバコに含まれるニコチンなどは、いずれもアルカロイドである。

アルカロイドの種類は現在わかっているだけで、1万2000種以上といわれている。ただし、強い生物活性を持つとはいえ、使い方によっては薬品として極めて有用なものも多い。植物起源の医薬品はそのほとんどがアルカロイドである。

例えば、ケシからとれるアヘンはベンジルイソキノリンアルカロイドとして、鎮痛、鎮咳などの薬として用いられている。

また、キナの樹皮からとれるキニーネ（キノリンアルカロイド）は抗マラリア薬として利用されてきた。コカの葉から抽出されるトロパンアルカロイドは、塩酸コカインとして局所麻酔薬として使われている。今後もアルカロイドは医薬品の原料として利用されていくはずである。

＊核酸　核酸は、糖とリン酸と塩基からできている。細胞内の遺伝子の実体であるデオキシリボ核酸（DNA）とリボ核酸（RNA）を形づくる。

1―10 食中毒は何のしわざか

最も身近な毒による被害といえば、食中毒ではないだろうか。食中毒の患者数というのは、過去およそ50年間、年に2万～4万人の間を行き来している。伝染病の患者数が激減しているのに比べて、食中毒の患者数はあまり変わらない。

食中毒の最も大きな原因は、サルモネラ菌や腸炎ビブリオといった細菌によるものである。こうした細菌が繁殖し、体内に入る機会は、近年の調理済み食品の普及や、輸入食品の増加、外食の増加などのために、むしろ増えているといえる。食材の流通がグローバル化して、食中毒にかかる率はむしろ高くなっているといえる。

食中毒を引き起こす細菌の種類には、サルモネラ菌、腸炎ビブリオのほかに、ブドウ球菌、ボツリヌス菌、ウェルシュ菌などがある。食中毒のそのほかの原因には、フグやトリカブト、毒キノコなどの動物性・植物性の自然毒、それに化学物質によるものがある。ただし、食中毒の7割以上は細菌によるものである。

細菌による食中毒は大きく分けると、「感染」型と「毒素」型に分けられる。感染型は微生物そのものが食品とともに腸管内に達して増殖することによって起きる。胃の中は強い酸性なので、細菌が単独で入ってきても死んでしまう。しかし、食品と一緒に胃に入ると、酸が中和されるため、細菌が死滅せずに腸管内に達する。感染型の食中毒を起こす細菌にはサルモネラ菌や腸炎ビブリオなどがある。

一方、毒素型食中毒とは、食品の内部で増殖した細菌が毒素を産生し、これを食品と一緒に食べたときに起きる。この型の食中毒を起こすものにはボツリヌス菌やブドウ球菌がある。毒素型食中毒は、概して潜伏期間が短く、食後12時間以内に発症することが多く、急激に吐き気や下痢、発熱などが起こる。

ただし、感染型・毒素型という分類は便宜的なものである。たとえ感染型でも、増殖した菌そのものが腸管内細胞を刺激して中毒を起こす場合もあれば、腸管内で菌が毒素を産生して発症する場合もある。後者は一見毒素型のようだが、生きた細菌が腸管内で増殖して中毒を起こすということから感染型と分類される。

1－11　内毒素と外毒素

細菌の毒素は、外毒素（エクソトキシン）と内毒素（エンドトキシン）に分けられる。外毒素は細菌が産生して自分の外側に排出するタンパク質の毒素である。一方、内毒素はLPS（リポ多糖）とも呼ばれ、多糖と脂質との複合体として細菌の細胞壁を構成している。つまり、自分自身の体の一部が毒でできているというわけである。

外毒素を産生する菌にはボツリヌス菌、コレラ菌、破傷風菌、黄色ブドウ球菌などがある。外毒素の毒性としては、赤血球を破壊する溶血毒、神経細胞を攻撃する神経毒、血管を冒す出血毒などがある。外毒素には熱や抗生物質に強いものが多い、このため食品をあらかじめ加熱してあっても、菌の放出した毒素は分解されないため食中毒を起こすケースがある。外毒素の治療には、毒素を産生する菌をたたくための抗生物質、毒素を中和し無毒化するための抗毒素血清などが用いられる。

内毒素は、菌体が生きているうちは毒素を放出しない。抗生物質や化学療法剤の投与などによって、菌体が死んで細胞壁が壊れたときに初めて外部に放出される。赤痢菌やO157の毒素であるベロ*毒素（志賀毒素）も内毒素である。

内毒素と外毒素

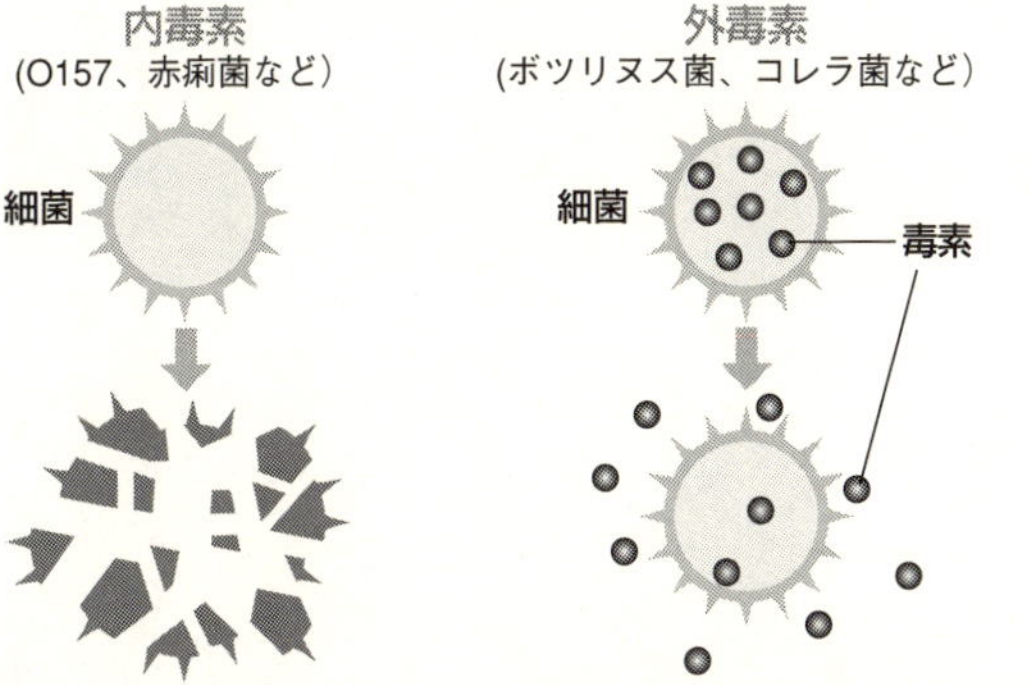

細菌が死に、壊れた細胞壁の一部が毒素となってまき散らされる

細菌は生きたまま毒素を放出する

内毒素を持つ菌に対して抗生物質を使用する際には注意が必要である。症状がかなり進んでから抗生物質を用いると大量の菌が一度に死滅する。すると、これらの菌の内毒素が一気に放出されることになるため、毒素が体中に広がって、血圧低下などのショック症状を起こして、死亡する場合もあるからである。内毒素を持つ細菌性下痢のときに、下痢止めを使用すると内毒素が腸管内にとどまって、かえって症状を悪化させることもある。タンパク質からなる外毒素が**抗原抗体反応を起こしやすいのに対し、リポ多糖類の内毒素は抗原となりにくいため、抗毒素も作れない。

***ベロ毒素**　動物培養細胞の一種で、サルの

腎臓上皮由来のベロ細胞に対して毒性を示すので、この名がある。赤痢菌や病原性大腸菌が産生する毒素で、タンパク質合成を阻害する働きを持ち、感染時には出血性の下痢を引き起こす。

＊＊抗原抗体反応　生体のもつ体内防衛機構である免疫システムの主要な反応。リンパ球の1つ、B細胞が細菌などの抗原に反応し、その抗原に特異的に結合する抗体を分泌する。抗体が結合した細菌は無力化される。抗原と抗体は鍵と鍵穴にたとえられる。

1―12　地上最強の毒は何か

世界で一番強い動物といえば、百獣の王ライオンということになっている。しかし、中には「いや、トラの方が強い」という人もいれば「ゾウの方が強い」という人もいるだろう。では、戦わせてみればわかるかというと、そうでもない。ライオンは集団行動なのに対して、トラは単独で動く。住んでいる環境もサバンナと森林と異なるので、条件を同じにして戦わせるのは困難である。

同じことが毒についてもいえる。毒の強さは半数致死量（LD50）によって表すことはできるが、投与方法のちがいや投与する対象動物によってその作用の発現の仕方が異なるので、一概に比較しにくい。また半数致死量を目安とした比較は、急性毒性についてのものであり、慢性毒性（発ガン性や催奇形性など）にはあてはまらない。ただし、全般的にいえることは生物が作り出す毒の方が、化学物質や人工的な毒よりも毒性が強いことである。

そのことを踏まえたうえで、あえて毒の強さをランキングするとすれば、ベスト3はボツリヌストキシン（ボツリヌス菌の毒素）、テタノスパスミン（破傷風菌の毒素）、マイトトキシン（海洋生物の有毒渦鞭毛藻がつくる毒）となる。これに続くのが、猛毒のイワスナギンチャクが持つパリトキシンである。

人工毒でもっとも強いのはダイオキシンだが、その毒性については不明な点も多い（208ページ以下参照）。コロンビアに生息するヤドクガエルの毒であるバトラコトキシンも、ごくわずかな量が人体に入っただけで命を落としてしまう猛毒である。

赤痢菌やO157がつくるベロ毒素も猛毒だ。麻痺性貝毒のサキシトキシンはムラサキイガイやマガキなどに蓄積される毒で、フグ毒の成分の一つでもある。そのフグ毒の主成分がテトロドトキシンだ。第2章でふれるように、サキシトキシンにしても、テトロドトキシンにしても、貝やフグが自分でつくりだしているのではなく、それらの生きものが食べた餌に含まれる藻類や細菌が産生する毒である。一方、コノトキシンはイモガイ自身がつくりだす毒である。

ダイオキシンをのぞけば、人工毒でもっとも強いのがVXガスで、それに続く人工毒がサリンである。カビ毒のアフラトキシンは輸入されたナッツや穀物、香辛料などの食品から検出されることがある。国産品からは検出されていない。

トウゴマの作り出すリシンは暗殺にも使われる猛毒。トリカブトの毒アコニチン、亜砒酸、青酸カリなども同じく犯罪に使われることがある毒として悪名高い。しかし、

強力な毒

毒の名前	毒の由来	LD50 (mg/kg)
ボツリヌストキシンA	ボツリヌス菌	0.0000003（マウス）
テタノスパスミン	破傷風菌	0.000002（マウス）
マイトトキシン	有毒渦鞭毛藻	0.00005（マウス）
パリトキシン	イワスナギンチャク	0.00015（マウス）
ダイオキシン	化学合成	0.0006～0.002
バトラコトキシン	ヤドクガエル	0.002－0.007（ヒト推定）
ベロ毒素	赤痢菌・O157	0.001（マウス）
サキシトキシン	麻痺性貝毒	0.001（マウス）
テトロドトキシン	フグ	0.01（マウス）
コノトキシン	イモガイ	0.012～0.03
VXガス	毒ガス	0.015（ラット）
アフラトキシンB1	カビ毒	0.018
リシン	トウゴマ	0.03
アコニチン	トリカブト	0.3
サリン	化学合成	0.35
亜砒酸	化学合成	2
ニコチン	タバコ	7
青酸カリ	化学合成	5～10

注：LD50の値は被験対象の種類や投与方法、個体差によっても大幅に異なってくるため、一概には比較しにくい。この表はあくまで毒の強さの目安。ラット、マウスなどとあるのは、これらの動物に投与した場合のLD50値を表す。

その毒性はボツリヌストキシンのような強力な生物毒に比べると、はるかに弱いことがわかる。タバコに含まれるニコチンの毒性でさえ、青酸カリに匹敵するのである。

先ほども述べたように、こうした比較をする上で注意しなくてはならないのは、「半数致死量が低い＝人間にとって脅威」とは必ずしもいえないことである。例えば、環境汚染物質として悪名高いダイオキシン**の半数致死量は0・0006〜0・002mg／kgとされている。これだけみると、ダイオキシンはVXガスやサリンなみの猛毒という印象を受ける。

だが、ダイオキシンの95パーセントは食事を通して体内に取り込まれるということから推計すると、30万日（820年）分の食物を一気に食べない限り、ダイオキシンの急性毒性で死ぬことはないとの計算もある（『ダイオキシン・神話の終焉』渡辺正・林俊郎著）。

一方、アルコールの半数致死量は8000mg／kgだが、これは体重60キログラムの人がビール大瓶7本、あるいはウイスキーをボトル1本飲めば優に超えてしまう値である。個人差はあるとはいえ、これだけの量のアルコールを一気に飲めば、急性アルコール中毒になって死亡する危険性はある。大酒飲みにとっては、アルコールこそ地上最強の毒だともいえるのである。

＊VXガス　猛毒の神経ガスの一種。サリンと同じく、酵素コリンエステラーゼを阻害して、神経に障害を起こす。琥珀色した油状の液体で、無味無臭。霧状に噴布して毒ガスとして使用。

＊＊ダイオキシン　一般的に、ポリ塩化ジベンゾ‐パラ‐ジオキシンとポリ塩化ジベンゾフランをまとめてダイオキシン類と呼ぶ。非常に種類が多く、毒性を持つのは29種類といわれる。ゴミ焼却炉から発生するダイオキシンが問題にされた。

1－13　解毒剤とは何か

解毒剤とは、文字どおり、毒の作用を消す働きを持つ薬のことである。とはいえ、どんな毒にも効く万能の解毒剤というのは存在しない。解毒剤が有効なのは、飲み込んだ毒物が特定されている場合だけである。その毒の性質に基づいて、その効果を失わせる作用を持つ、別の物質を体内に入れてやるのである。

例えば、青酸中毒の場合、体内に入った青酸は血液中のシトクロムオキシダーゼ*という酵素と結びつく。この酵素は細胞が呼吸するときの触媒の役割を果たしているのだが、青酸と結合してしまうと、細胞の呼吸が阻害され、酸素不足で死んでしまう。

この青酸の働きをどのようにして止めればいいか。そのためには、青酸と反応しやすい物質を体内に入れてやることによって、青酸がシトクロムオキシダーゼと結びつかないようにしてやればいい。そのために使われるのが亜硝酸ナトリウムやチオ硫酸ナトリウムである。亜硝酸ナトリウムが血液中に入るとメトヘモグロビンを作り出し、青酸はこれと結びつく。また、チオ硫酸ナトリウムは、青酸をチオシアン酸という無害な物質に変化させる。

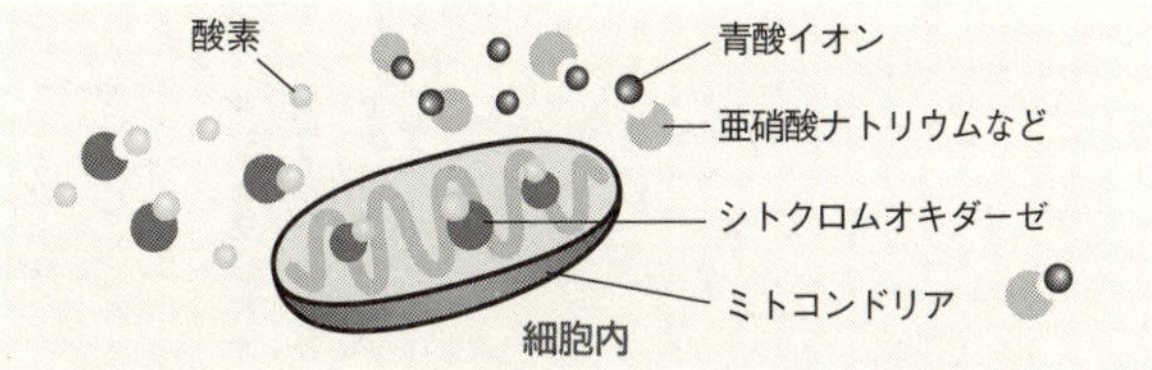

解毒剤の亜硝酸ナトリウムが作りだすメトヘモグロビンは青酸イオンと結合して、青酸イオンが毒性を発現するのを防ぐ。

また、テングタケ、カヤタケなど毒キノコにあたった場合は、血圧が急激に下降し、発汗や涙が止まらなくなるなどの症状が表れる。これはキノコに含まれるムスカリンと呼ぶ成分が副交感神経を興奮させるためである。この場合、解毒剤となるのは副交感神経を抑制する働きのあるアトロピンである。アトロピンはチョウセンアサガオに含まれる成分であり、それ自体強い毒性を持つ。反対の作用のある毒を組み合わせることで、互いの毒の効き目を抑制する。それが解毒剤である。まさに、毒をもって毒を制するわけである。

ちなみに近代化学が発達する以前にも解毒剤と称する薬は存在した。世界で最初に解毒剤を作り出したのは、紀元前1世紀のポントスの王ミトリダテスであったと伝えられている。毒殺の危険に満ちていた当時の宮廷にあって、ミトリダテスは罪人を実験台に解毒剤の研究にいそしんだという。

その後、ローマ時代には皇帝ネロの侍医ディオスコリデスが「テリアカ」という万能解毒薬を発明する。そこには毒へビの肉が混ぜられていたという。毒をもって毒を制すという思想は、このころからすでにあったことがうかがえるが、実際の効果のほどについては疑わしい。

＊シトクロムオキシダーゼ　細胞内呼吸作用において働く重要な酵素。細胞内でエネルギーを生成するミトコンドリアのヘム鉄に、酸素を運搬する役割をする。青酸ガスのようなシアン化合物の作用を受けやすい。

第2章　動物毒の秘密

2－1 動物に由来する毒を知りたい

動物が持つ毒の多くはタンパク質からなる神経毒である。神経毒は、敵となる動物の動きを一瞬にして止める威力を持つ。相手の筋肉を麻痺させて、自分への攻撃が仕掛けられないようにして、その間に逃げるのである。あるいは、逆に捕食にあたって、餌となる動物をしびれさせてしまうという働きもある。

しかし、動物毒といっても、すべての動物が毒を持っているわけではない。哺乳類や鳥類など高等温血動物のほとんどは毒を持っていない。一方、ハ虫類や両生類、魚貝類、腔腸《こうちょう》動物、昆虫などには毒がある。一説には、毒とは進化形態の遅れた動物が、より進化レベルの高い動物の脅威から身を守るために身につけたものといわれている。

毒を持つ動物でも、種類によって、毒の性質はそれぞれ異なる。フグ毒や貝毒のように、自分では毒を持たず、摂取した海藻などの餌によって体内に毒が蓄積するものもあれば、イモガイ*のように自分で毒を作り出すものもいる。ヘビ毒には大別すると神経毒と血液毒があり、ヘビの種類によって、どちらの毒をより多く持つかは異なっている。

動物毒の中には、単細胞の微生物が作り出す毒もある。細菌が外側に放出する毒素にはタンパク質の毒素（外毒素）と、細菌の細胞膜を構成する多糖と脂質との複合体である内毒素の二種類がある。こうした細菌の中には、炭疽《たんそ》菌《きん》のように生物兵器として用いられているものもある。

微生物がほかの微生物の増殖を抑制したり、殺したりするために産生する化合物に「抗生物質」がある。抗生物質は、ほかの細菌に対して強い毒性を発揮するが、宿主である人間に対しては毒作用を及ぼさない。これは細菌の細胞と、ヒトの細胞の構造がちがうためであり、このような性質（選択毒性）を利用して、抗生物質は感染症の特効薬として使用されている。代表的なものにはカビの毒であるペニシリン、土壌細菌の毒のストレプトマイシン[**]などがある。

***血液毒**　血管や血液に作用し組織を破壊させる毒。出血毒ともいう。

****ストレプトマイシン**　代表的な抗生物質の一つ。結核の特効薬として登場した。

2-2 フグはなぜ自分の毒にあたらないのか

「フグは食いたし、命は惜しし」といわれるように、フグは美味だけれど、猛毒のあることでもよく知られている。

フグの毒は卵巣、肝臓、腸に含まれており、その成分であるテトロドトキシンは神経細胞のナトリウムチャンネルを遮断し、信号の伝達を阻害する。このため神経から筋肉へ命令がいかなくなり、筋肉が麻痺してしまう。症状としては、唇や舌のしびれ、指や手足の麻痺、重症になると呼吸困難に陥って、死亡することも多い。

テトロドトキシンの毒性の強さは、青酸カリの1000倍ともいわれる。テトロドトキシンの半数致死量は約0・01mgである。ヒトの場合、クサフグやコモンフグの肝臓なら2グラムで致死量に達するといわれている。ただし、その毒の強さや量は、フグの種類や部位、さらには季節によっても異なるため、フグを食べても必ず中毒するとは限らない。このため、一度フグを食べて大丈夫だった人が、再び食べたときにあたってしまうという事故が昔からよく起こった。このことからフグは「テッポウ」（あたると死んでしまう）という別名で呼ばれてきたのである。

だが、なぜフグは自分自身の毒にあたって死なないのだろう。その理由は、フグのナトリウムチャンネルがほかの動物とは異なっているため、テトロドトキシンが結合しにくいためである。フグの神経の構造ではテトロドトキシンによってナトリウムチャンネルがふさがれることはないのだ。

ところで、フグの毒は長いこと、フグ自身の体で作られているものと考えられていた。ところが、養殖されたフグには毒がないことが発見されたことから、テトロドトキシンはフグ自身が持っている毒ではないことがわかった。

研究の結果、テトロドトキシンを産出しているのはフグの体内にいる緑膿菌*と呼ばれる細菌であることが明らかになった。緑膿菌は、フグの餌になるカニやヒラムシに寄生している。これをフグが食べると、その卵巣や肝臓にテトロドトキシンが蓄積するのである。カニやヒラムシは、さらにこの菌が付着した海藻やプランクトンを食べている。このような食物連鎖によってフグが高濃度の緑膿菌を持つことになったと考えられている。

最近の研究によると、テトロドトキシンはフグのメスがオスを引き寄せるときのフエロモンとして使われているらしいこともわかってきている。フグはテトロドトキシンの含まれているエサをそうでないエサよりも好む傾向があり、また、メスの卵巣に

フグ毒テトロドトキシンの作用

テトロドトキシンとシナプス

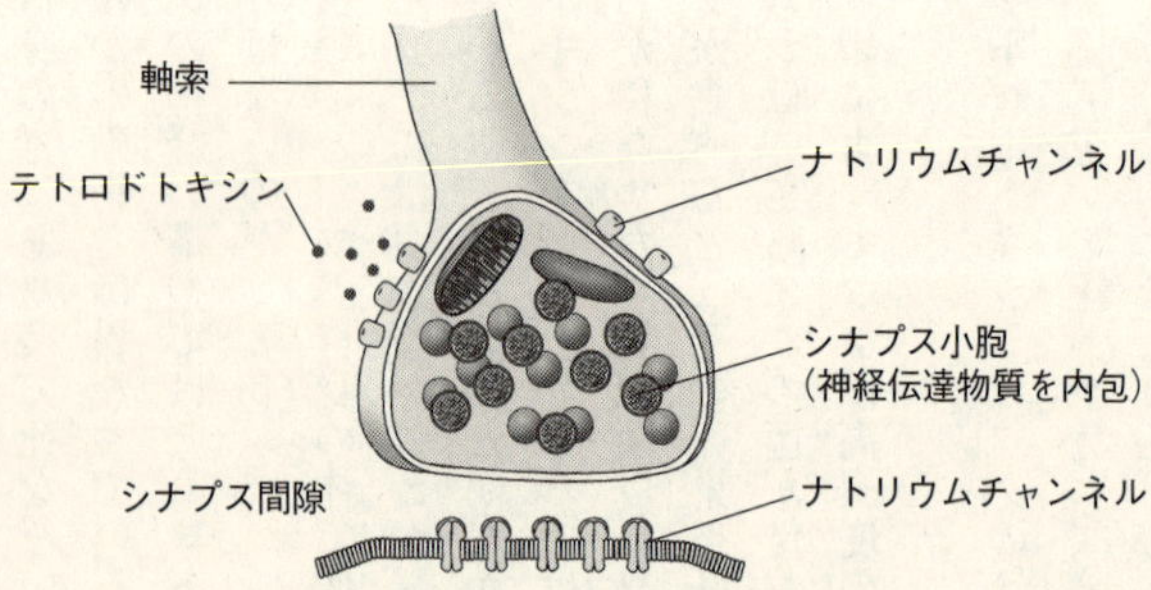

テトロドトキシンは神経線維（軸索）のナトリウムチャンネルに結合し、チャンネルを閉じてナトリウムイオンを流入できなくしてしまう。そのため、電気信号インパルスが途中で止まって伝達されず、末端のシナプスでは神経伝達物質が放出されなくなる。したがって、信号が神経や筋肉へ伝わらず、麻痺が引き起こされる。

含まれるテトロドトキシンの量は、産卵が近づくと増加する。オスのフグは、テトロドトキシンの量に引かれて、卵のそばに集まってくるのである。フグ毒は外敵から身を守る手段であるとともに、フェロモンとしての役割も果たし、種の存続に貢献しているのである。

また、近年、東南アジアではテトロドトキシンに加えて麻痺性貝毒群の主毒**サキシトキシンを持つフグが発見されている。こちらもテトロドトキシンと同じく、ナトリウムチャンネルに結合し、運動神経の麻痺や呼吸困難を引き起こす。

ところで、フグの部位の中で、もっともテトロドトキシンが多く含まれているのが肝臓や卵巣である。ところが、石川県ではその猛毒の卵巣を３年かけて塩と糠に漬けて毒を抜いて珍味として販売している。テトロドトキシンは加熱しても分解されない。フグ料理専門店でもけっして卵巣が出てくることはない。だが、石川のフグの卵巣の糠漬けは、そんな常識をくつがえした。なぜ毒がぬけるのか、いまだ不明な点が多いという。

＊緑膿菌　緑膿菌は自然界に広く存在する細菌で、人の腸管の中にも住みついている。病原性がほとんどないので、感染しても宿主が正常な健康体であれば、何の症状も出ない。水まわりを好

み、水中でも海中でも増殖する。

＊＊**サキシトキシン**　主要な貝毒の1つ。神経細胞のナトリウムチャンネルに結合すると、チャンネルを閉じ、信号伝達を阻害する。72ページ参照。

2－3　毒化する貝

貝による食中毒はことのほか強烈である。カキやアサリなどを食べて、激しい腹痛や下痢に襲われたという経験のある人もいるだろう。

だが、どうして貝が毒を持つのだろうか。実はフグ毒と同様、貝もまた自分自身で毒を生み出すわけではない。貝の多く、主にアサリやカキ、ホタテガイなどの二枚貝は海中の植物プランクトンを餌としている。それらの中には毒を持った貝毒原因プランクトンと呼ばれるものがある。この貝毒プランクトンを貝が食べることによって、貝の体内に毒素が蓄積されていくのである。貝自身は、いくら毒が蓄積されても死ぬことはないので、たまたまそれがヒトの口に入ると中毒症状を起こすのである。

貝の毒といっても、大きく分けると三つのタイプがある。

一つは、麻痺性貝毒と呼ばれるものであり、もう一つは下痢性貝毒。そして被害は限定的だが、記憶喪失性貝毒と呼ばれるものである。

麻痺性貝毒はフグ毒と同じように、運動神経の麻痺を引き起こす。口や舌、顔面がしびれ、さらには手足にもしびれが広がり、重症になると運動障害、言語障害なども

３種類の貝毒

●麻痺性貝毒

サキシトキシンがフグ毒同様に神経麻痺を引き起こす。カキやホヤなどに毒成分が蓄積される。

●下痢性貝毒

ホタテガイやアサリなどの二枚貝に毒成分が蓄積される。

●記憶喪失性貝毒

神経毒性をもったドウモイ酸によって引き起こされる。

ホタテガイ

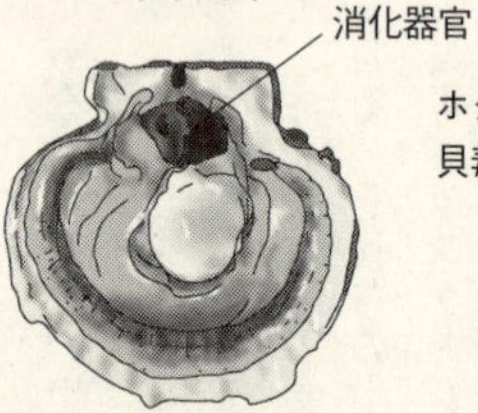

ホタテガイの消化器管に貝毒が蓄積される。

ハマグリ

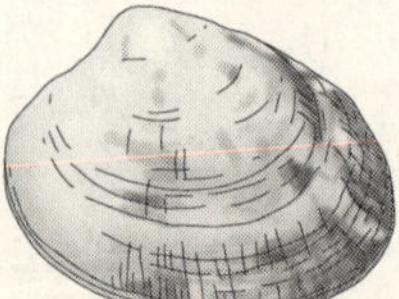

アサリやハマグリ、カキ、ホタテガイのような二枚貝は海中の植物プランクトンを餌とするので、毒をもつプランクトンを食べて毒化することがある。

表れ、呼吸困難で死亡することもある。一方、下痢性貝毒はその名のとおり、激しい下痢を引き起こす。

ある貝が麻痺性貝毒を持つか、下痢性貝毒を持つか、そのちがいは摂取したプランクトンの種類による。麻痺性貝毒は渦鞭毛藻《うずべんもうそう》アレキサンドリウム属というプランクトンによって引き起こされる。このプランクトンはゴニオトキシンやサキシトキシンといった水溶性の神経毒を産出する。フグ毒のテトロドトキシンと同じように、この毒は神経細胞のナトリウムチャンネルを遮断してしまうため、ナトリウムイオンが細胞内に入ってこられなくなる。このため信号（インパルス）が途絶え、シナプスでの神経伝達物質アセチルコリンの遊離が妨げられて、神経における信号の伝達がうまくいかなくなり、先ほどのような障害を引き起こすのである。

下痢性貝毒はディノフィシス属などのプランクトンが産生するオカダ酸*やディノフィシストキシンによって引き起こされる。これらは脂溶性の毒で、消化器系にダメージを与え、下痢、嘔吐、吐き気、腹痛などを引き起こす。下痢性貝毒は重症でも3日ほどで回復するが、麻痺性貝毒の場合、重篤なケースだと12時間以内に呼吸困難などで死亡することもある。

記憶喪失性貝毒は、その名のとおり、食べると記憶喪失を引き起こす毒である。1

貝毒の作用

神経毒サキシトキシンの働き

神経細胞膜のナトリウムチャンネルにサキシトキシンが結合すると、ナトリウムイオンが流入できず、神経線維を伝わる信号の伝達が阻害される。

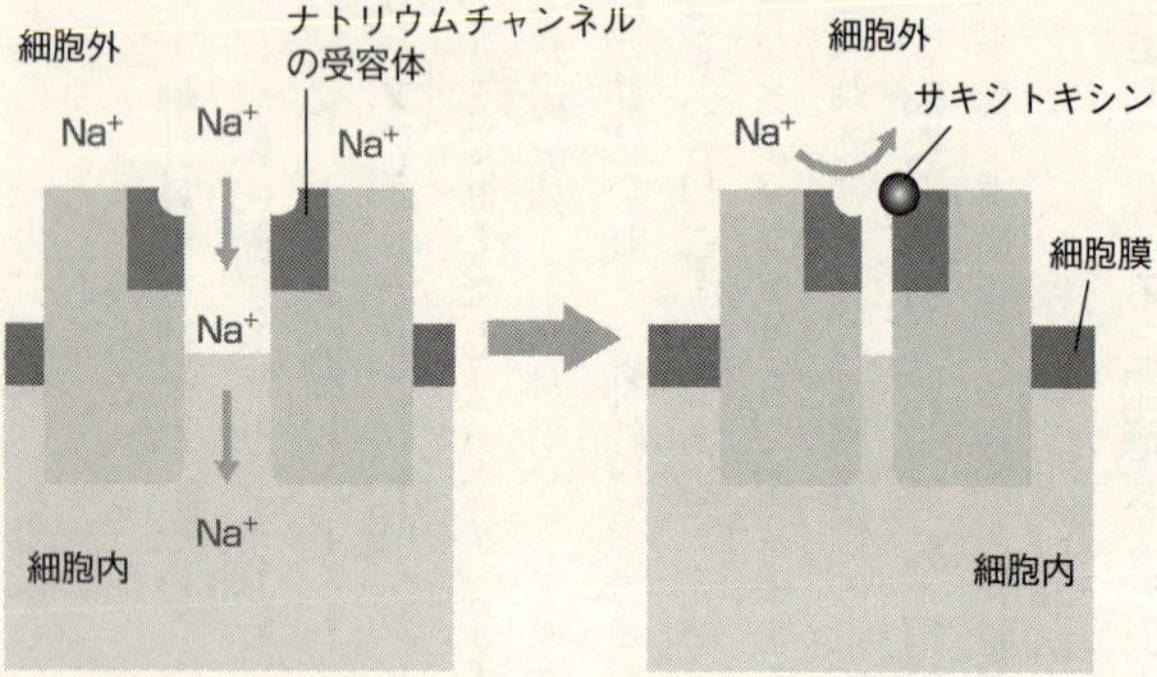

正常な状態ではナトリウムイオンがチャンネルを通過

サキシトキシンが受容体に結合すると、チャンネルが閉じてしまう

987年、カナダのプリンス・エドワード島でムール貝（ムラサキイガイ）を食べた100人を超える人びとが中毒を起こし、うち3人が死亡した。中毒症状には吐き気や腹痛、下痢といった症状の他に、これまでの食中毒では見られなかった重度の記憶障害を起こした者もいた。

死亡した患者を解剖した結果、記憶をつかさどる脳の部位（海馬、扁桃体、前障、視床など）の壊死が観察された。原因物質となったのはドウモイ酸と呼ばれる神経毒性を持つアミノ酸であった。ムラサキイガイが餌として食べた珪藻（植物プランクトン）がドウモイ酸を産生し、それが貝の毒化を引き起こしたと考えられたことから、ドウモイ酸は記憶喪失性貝毒と呼ばれるようになった。

ムラサキイガイ以外にも、イガイ、ホタテガイ、マテガイなどの他、甲殻類のホクヨウイチョウガニやスベスベマンジュウガニ、さらにこれらを食べた水鳥やアシカにも記憶喪失性貝毒の蓄積が観察されている。

貝毒原因プランクトンは常に発生しているわけではなく、各都道府県は定期的にその発生状況を厳しくチェックしている。このため毒化した貝が店頭に並ぶことはない。ただし、潮干狩りや自分で採った二枚貝を食べるときは注意が必要である。また、貝類だけでなく、植物プランクトンを餌としているホヤ、カメノテ、フジツボなども毒化する可能性がある。

＊オカダ酸　最初は海綿から単離された物質。クロイソカイメンの学名 Halichondria okadai からこの名がついた。もともとは有害渦鞭毛藻がつくるが、それを海綿が食べて蓄積している。

2－4　イモガイから鎮痛薬が生まれる

同じ貝毒でも、イモガイとなるとその毒のタイプは二枚貝とは大きく異なる。二枚貝の毒はプランクトンに由来しており、貝が自分自身で作り出すわけではないことは述べたが、イモガイは逆に自分で毒を作り出すのである。

イモガイの名は、サトイモに殻の形が似ていることから来ている。日本の海でもよくみられる貝であり、その殻の形や模様が美しいため、よく土産物として売られている。これは日本だけの話ではなく、イモガイには世界中にコレクターがいて、特に美しいものは投機の対象になり、大変な高値をつけられているほどである。

しかし、ダイバーの間ではイモガイは美しいけれども、非常に危険な生き物とされている。というのも、イモガイの毒は貝の中でも最強の部類に属するからである。イモガイには長い銛《もり》のような形をした歯舌《しぜつ》という器官がある。肉食動物であるイモガイは、これを寝ている魚に打ち込んで、そこから毒を注入して動けなくした上で、まるごと飲み込んでしまうのである。その毒は非常に強く、人間がイモガイに刺されて死亡するケースも少なくない。

イモガイの毒は、複数の毒からなるコノトキシンと呼ばれる神経毒の一種である。この毒は、神経細胞のイオンチャンネルをブロックしてしまうため、感覚が麻痺したり、けいれんを起こして、体が動かなくなる。人工呼吸、心肺蘇生術など適切な措置をとらないと呼吸困難で生命を落とすこともある。イモガイに刺された場合の致死率は6割に上るともいわれている。

だが、このイモガイの毒であるコノトキシンは、近年ジコノチドという名の鎮痛剤として認可されている。コノトキシンによって痛覚神経を麻痺させることにより、モルヒネをはるかに上回る鎮痛効果が得られるのである。ラットを使った実験ではコノトキシンの鎮痛効果はモルヒネの1万倍といわれ、アメリカではすでに進行性のガンやヘルペスの疼痛緩和のために使われている。さらに大きな利点は、ほかの薬では治らなかった幻想肢症候群や神経性の痛みにも効果があり、習慣性もなく、耐性もできにくい点である。

イモガイの亜種は500にも上り、しかも一つの種が200近い毒を産生している。その意味でも、イモガイの毒には無限の可能性が期待できそうである。

２―５　クラゲの放つ毒入りカプセル

　海水浴中にクラゲに刺された経験のある人は多いだろう。泳いでいる最中に、腕や足にちくりという刺激を覚えたと思ったら、たちまちのうちに腫《は》れ上がってみみず腫れになったという人もいるかもしれない。

　クラゲの触手には、＊刺胞《しほう》と呼ばれる毒のカプセルがあり、これに触れると反射的に刺胞から針が飛び出し、毒が注入される。クラゲはこの仕組みを用いて、餌となるプランクトンや小魚を麻痺させるのだが、人がうっかり触っても、同じように刺胞から毒が打ち込まれる。

　すべてのクラゲが毒を持つわけではなく、またクラゲの種類によって毒の強さもさまざまである。特に人間に恐れられているのは、別名デンキクラゲともいわれるカツオノエボシの毒である。刺された瞬間に感電したようなショックを覚えることから、デンキクラゲの名がある。そのほかにも、ハブクラゲ、アンドンクラゲ、アカクラゲなど強い毒を持つクラゲも多い。

　クラゲの毒はタンパク質を主成分としており、皮膚を壊死させたり、中枢神経を麻痺させたりする作用がある。刺された場所が腫れ、頭痛や吐き気を覚え、ときにはショック症状を起こして、呼吸困難に陥ることもあるほどである。

クラゲの毒についてはオーストラリアやアメリカで研究が進められているが、ひじように不安定なタンパク質であり、種によって毒の組成が異なることから、いまだにくわしい化学的構造などはわかっていない。しかし、オーストラリア沿岸にすむもっとも強い毒を持つクラゲであるハブクラゲの仲間（Chironex fleckeri）については、その全アミノ酸配列が明らかになり、抗毒血清もつくられている。オーストラリアの海水浴場には、この血清が常備されている。

クラゲに刺されたときの応急処置は、海水でしずかに洗うこと。真水をかけると浸透圧で刺胞の毒が体内に入りやすくなる。砂をかけたり、こすったりするのも、その刺激で刺胞から毒針が発射されるので禁物である。

刺されたのがアンドンクラゲやハブクラゲの場合は、すぐに食酢をかけると刺胞が脱水されて毒針の発射が抑えられる。しかし、カツオノエボシだと逆に酢が刺胞を刺激して毒が発射されてしまう。種類によって対処が異なるのがやっかいなところだ。

＊刺胞　クラゲの仲間が持っている毒のある器官。ばね仕掛けのようになっていて、触れると小

さな棘（毒針）が飛び出す。傘の部分から垂れさがった糸のような触手に、この刺胞が無数についている。

2-6 海産物最強の毒

イシガキダイといえば美味なことで知られる高級魚である。そのまま寿司にしても、塩焼きにしても煮魚にしてもおいしく、海鮮好きにはこたえられない魚である。

ところが、1999年、千葉の料亭で地元産の*イシガキダイの塩焼きを食べた客が、下痢や嘔吐、しびれや発疹などの食中毒症状を生じたことがある。この中毒症状はイシガキダイに含まれていたシガテラ毒素によって引き起こされたものであった。客たちは中毒を予想できなかったのは店の責任と裁判を起こし、裁判所は店の責任を認める判決を下した。

以前から、熱帯・亜熱帯のサンゴ礁に生息する魚の中には「シガテラ」と呼ばれる食中毒を引き起こす毒を持っているものがいることは知られていた。しかし、千葉で捕れた魚からこの毒が見つかる例は稀だった。その後、イシガキダイをメニューに載せている料理屋は大幅に減ってしまった。

シガテラ中毒を起こす魚は300種以上といわれているが、主なものにはオニカマス、バラフエダイ、バラハタ、サザナミハギ、ドクウツボ、ギンガメアジなどがいる。

シガトキシンの作用

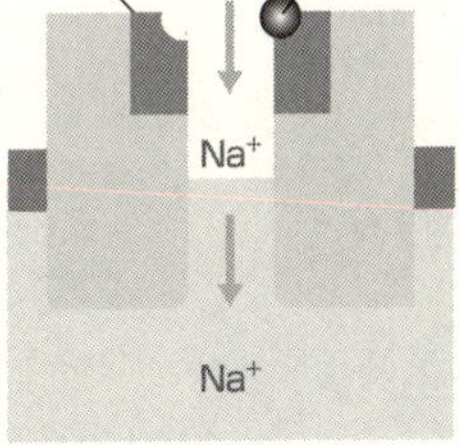

食中毒シガテラを引き起こすシガトキシンは、フグ毒テトロドトキシンやサキシトキシンと逆にナトリウムチャンネルを開放しっぱなしにして、神経線維を伝わるインパルスの伝達を阻害する。その結果、しびれやめまいなどの神経症状が現れる。

今も世界中で年間数万人規模のシガテラ中毒が発生している。

もともと「シガテラ」とは、カリブ海に生息するシガと呼ばれる巻貝に由来する食中毒を指していたが、その後、熱帯・亜熱帯海域のサンゴ礁に生息する魚によって起こる食中毒全般を指すようになった。シガテラを引き起こす毒素には、シガトキシンやマイトトキシンがある。これらはフグ毒のテトロドトキシンと同じく、魚自身が作り出すのではなく、もともとは渦鞭毛藻《うずべんもうそう》と呼ばれるプランクトンによって作り出された毒素である。これが食物連鎖によってイシガキダイやバラフエダイなどの体内に蓄積されて、魚の毒化が生じるのである。

シガテラ毒素を持った魚を食べると、下痢や腹痛のほかに、しびれやめまいなどの神経症状が起きる。特徴的なのは、水などに触れたときに、ドライアイ

最強毒素パリトキシンの蓄積

サンゴの育つ熱帯・亜熱帯の海に棲息するアオブダイやクロモンガラはフグ毒より強力な猛毒パリトキシンを含んでいる。パリトキシンはシガトキシンと同様にナトリウムチャンネルを開放する。

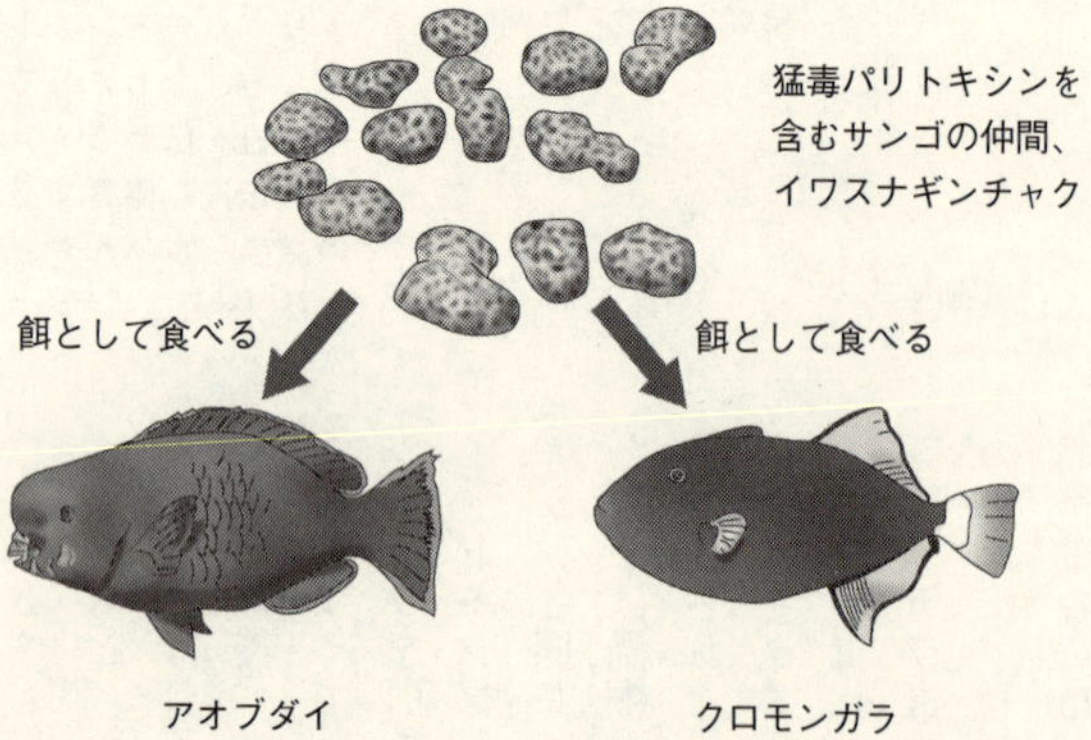

スセンセーションと呼ばれる、ドライアイスに触ったような感覚異常を覚えることである。シガテラ毒素は加熱、冷凍、塩蔵、酢漬、胃酸などによっても分解されないので、注意が必要である。ただし、魚に含まれるシガテラ毒素の量にはばらつきがあるうえ、基本的にあまり多くないため、中毒による死亡例はない。

シガトキシンはフグ毒のテトロドトキシンとは逆に、ナトリウムチャンネルを開放して、毒性を発揮する。その毒性の強さはテトロドトキシンを上回る。

マイトトキシンはシガトキシンよりもさらに強い毒性を持ち、現在知られる海洋生物毒の中で最強とされている。マイトトキシンは細胞内の＊＊カルシウムイオン濃度を上昇させ、平滑筋、骨格筋、心筋の収縮などの反応を起こす。この物質は、天然の有機化合物の中で最大の分子量（３４２２）を持ち、生化学的に注目されている。

シガテラとは異なるが、サンゴ礁に生息するアオブダイからも食中毒を起こす毒が発見されている。この毒はパリトキシンと呼ばれ、マイトトキシンとともに海産物中最強毒素の一つである。もともとはハワイなどに生息する腔腸動物イワスナギンチャクが持つ毒である。アオブダイはこのイワスナギンチャクを食べ、その毒であるパリトキシンを体内に蓄積するのである。ただし、パリトキシンはイワスナギンチャクが作り出しているのではなく、その体内に取り込まれた渦鞭毛藻が産生していると考えられている。

パリトキシンには、シガトキシンと同じく、ナトリウムチャンネルを開放する作用があり、筋肉痛、しびれ、筋力低下、けいれんなどの神経症状を起こす。重症になると、呼吸困難、不整脈、ショック、腎障害が生じ、死亡例も報告されている。アオブダイのほかにも、オウギガニ類やクロモンガラによるパリトキシンの中毒例がある。

パリトキシンはその毒性の強さから軍事利用が計画されたことがある。冷戦のさなか、アメリカをはじめ、複数の国々がパリトキシンによる生物兵器の開発研究を行っていたという。しかし、ひじょうに複雑な構造をしているため、どこも開発には成功しなかった。アメリカでは1969年、当時のニクソン大統領が生物兵器の破棄を宣言して、パリトキシンについての膨大な資料はアメリカ陸軍から、ハワイ大学の研究室へと譲渡された。その後、パリトキシンの構造は名古屋大学の平田義正と上村大輔、ハワイ大学のムーアらによって明らかにされた。

＊イシガキダイ　スズキ目イシダイ科の海水魚。近縁種のイシダイと異なり、大小の異色斑点があり、縞はない。

＊＊カルシウムイオン濃度　心臓の筋肉や骨格筋の収縮は、細胞内のカルシウムイオン濃度の変化によって調節されている。細胞内のカルシウムイオン濃度が一時的に上昇するとそれが引き金になって、筋収縮を起こすモータータンパク質が動き出す。

２－７　クレオパトラをかんだヘビ

　エジプトの女王クレオパトラは、コブラに自分の胸をかませて自害したと、ギリシアの著述家プルタルコスは伝えている。しかし、実際には、その死に方にはさまざまな説がある。ヘビをかませたのも胸ではなくて腕だとする説もある。また、使われたヘビはコブラではなく、マムシのようなクサリヘビ科のヘビだという説もある。

　コブラ*とクサリヘビでは、その毒の作用はかなり異なる。コブラの毒は神経毒を主成分としており、クサリヘビ科の毒は血液毒（出血毒）と呼ばれるものだからである。実は、多くの毒ヘビの毒はこの二つのタイプに分けられる。コブラの毒成分の本体は、アミノ酸からなるタンパク質であり、神経回路の接合部シナプスのアセチルコリン受容体と結合してしまう。このため神経伝達物質アセチルコリンは結合先を失い、筋肉へ情報を伝えられなくなる。コブラにかまれると、運動麻痺を起こし、呼吸困難に陥り、死に至る場合もあるのは、そのためである。

　一方のクサリヘビ科のヘビの持つ血液毒は、血球細胞、血管組織、内臓などを破壊する。このためかまれた部分は出血し、大きく腫《は》れあがり、皮膚の壊死を引き起こす。

クレオパトラとヘビ毒

コブラ

コブラの毒は神経毒が主成分で、筋肉に麻痺を起こさせる。

マムシ

マムシの毒は血液毒が主成分で、血管や内臓を壊死させる。

毒の知識が豊富だったといわれるクレオパトラは、おそらくエジプトコブラを使って自殺したと考えられる。

まもなく腫れと痛みは全身に広がって、吐き気やくちびるのしびれなどを起こし、死に至ることもある。たとえ、命を取りとめたとしても筋肉の壊死が起こるため、後遺症が残り、体を動かしにくくなったり、腎臓や循環器系に障害が残ることもある。

もっとも、クサリヘビ科のヘビでも、ガラガラヘビのように血液毒だけではなく神経毒も持っているヘビもいる。ただし、こちらの神経毒は、コブラの場合とは逆にシナプスのアセチルコリンを放出させる作用を持つ。このため筋肉が興奮状態に陥り、けいれんが起こる。アセチルコリンを使い果たしてしまうと、情報が遮断されて、こんどは麻痺状態に陥ってしまう。ガラガラヘビの毒の強さはコブラを上回る。

クレオパトラは、果たしてどちらの毒を使ったのだろうか。コブラの毒には、数秒で筋肉を麻痺させ、長く苦しむことなく死に至らしめる力がある。かまれた部分も毒牙の跡ができるくらいで、激しい出血もない。これに対して、クサリヘビ科のヘビの場合は、激しい出血や皮膚の壊死をともなう。あまり苦しまず、美しく死にたいと思うなら、おそらくコブラの毒を選んだはずだが、果たしてどうだったのだろうか。

毒ヘビにかまれたら、病院に行って、なるべく早く抗血清を注射してもらうことである。抗血清とは、薄めたヘビ毒を半年にわたって注射したウマから血液を採取し凝固させたときの上澄み部分である。そこにはウマの体内で作られた毒に対する抗体**が含まれている。これを毒ヘビにかまれた人に注射すると、ヘビ毒が抗体の作用によって中和***される。ただし、体質によっては、必ずしも血清が効くとは限らない。また、日本の病院では「マムシ血清」か「ハブ血清」しか用意していないことがほとんどである。

映画などで、毒ヘビにかまれた人の傷口から口で毒を吸い出すシーンがあるが、これは避けた方がいい。ヘビの毒はタンパク質なので、たとえ飲み込んでも消化されてしまうのだが、もし口の中に傷があったり、虫歯があったりすると、そこから毒が体内に入り込んでしまいかねない。

話は変わるが、ヘビとウミヘビは、ちがう種類の生き物と思っている人もいるようだが、正確にいえば、ウミヘビと呼ばれている生き物には魚類のウミヘビとハ虫類のウミヘビがいる。魚類のウミヘビはウナギの仲間で毒がない。毒のあるのはハ虫類のウミヘビの方である。こちらは、れっきとしたヘビの仲間である。海水環境に適応したヘビ類の総称がウミヘビである。

陸棲の毒ヘビと同じように、ウミヘビも毒を持っている。この毒はコブラと同じく神経毒であるが、その毒の強さはコブラの数十倍といわれ、あらゆるヘビ類の中で最も強力な毒を持っているといわれている。ただし、水中でウミヘビにかまれたという被害はあまりない。ウミヘビの中には、イボウミヘビやマダラウミヘビなど気の荒いものもいるが、エラブウミヘビなど多くは比較的おとなしいものが多い。また、ウミヘビの毒牙は口の奥の方にあるため、かまれても毒が注入されにくい構造になっている。

このためダイビング中にウミヘビを目撃してもパニックを起こす必要はない。刺激しないようにその場を離れれば、ウミヘビのほうから攻撃してくることはまずない。とはいえ、猛毒を持つ生き物であることには変わりないので注意は怠らないことである。

＊クサリヘビ　クサリヘビ科に含まれるヘビの総称。すべての種が血液毒を持つ。大きな三角形の頭を持ち、体型が太く、編み目模様の種が多く、鎖のようにも見えるので、この名がある。マムシ、ハブ、ガラガラヘビなど。

＊＊抗体　抗体は、リンパ球の1つであるB細胞が分泌するタンパク質。体内に侵入してきた抗原（細菌や毒素など）に特異的に結合して、これを無力化する。抗体分泌は、免疫システムの主要な機能である抗原抗体反応によるもの。

＊＊＊中和　体内に侵入してきた細菌やウイルスや毒素が、抗体の結合によって、その機能や活性を失うこと。表面に抗体が結合した細菌や毒素は、免疫細胞によって、分解、処理される。

2-8 ハチの作り出す毒のカクテル

ハチの種類は極めて多く、世界では10万種以上、日本でも５０００種が知られているといわれる。日本でハチに刺されて亡くなる人は毎年30人以上に上り、これはハブやヒグマなどの被害を上回っている。あまり知られていないが、日本で動物による死亡事故で最も多いのがハチによるものなのである。人間への被害で問題になるのは、ミツバチ、アシナガバチ、マルハナバチ、スズメバチなどだが、中でもその主犯格はスズメバチである。

ハチの毒には、セロトニンやヒスタミンなどのアミン類*、低分子ペプチド**、高分子タンパク質など、さまざまな成分が含まれているため、研究者はハチ毒を「毒のカクテル」と呼ぶ。それぞれの成分は痛みや浮腫を引き起こしたり、血管組織を破壊したり、アレルギー反応を引き起こしたりする。特にスズメバチの毒は強く、刺されると激痛が走り、刺された部位は赤く腫《は》れあがり、全身にじんましんが出たり、嘔吐や浮腫などを起こすこともある。

ただし、ハチ毒の場合、フグ毒やトリカブト毒などとちがって、毒そのものの力で

ハチ毒の作用

ハチの毒が致命的となるのは、アナフィラキシーショックによる。アナフィラキシーショックとは、同じ毒素が二度目に体内に侵入したときに引き起こされる急激なアレルギー反応をいう。

(1) ハチに刺されると抗体が作られる

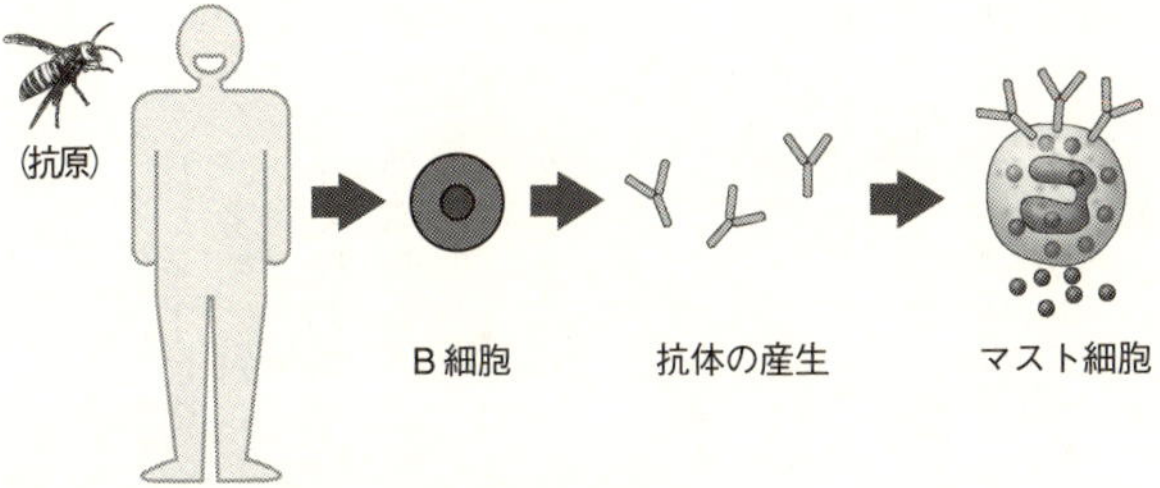

(2) 二度目に刺されると即時に反応が起こる

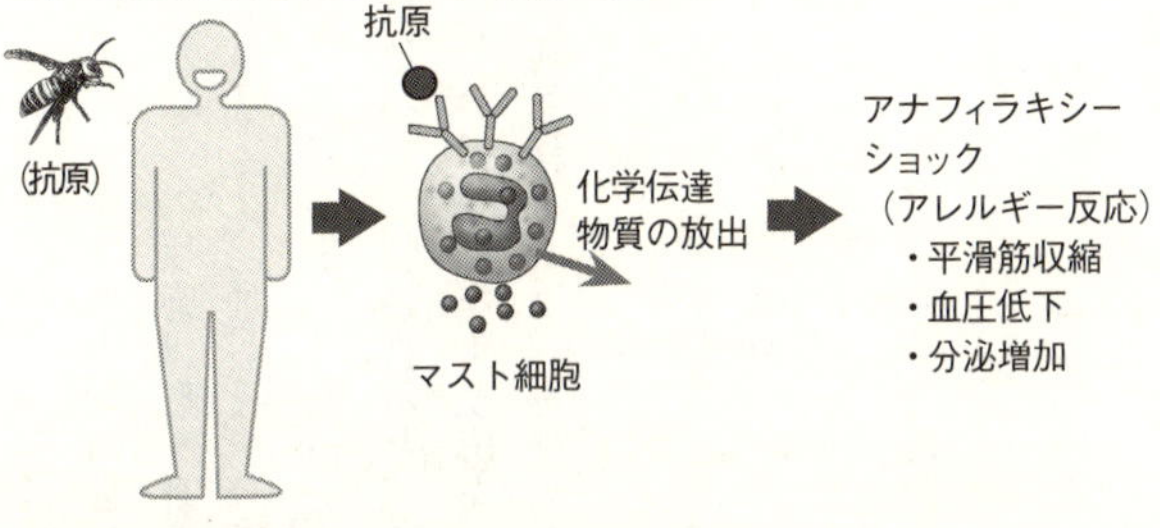

ハチ毒のように自分の体のものでない異物が入ってくると「抗原」と認識し、抗原抗体反応により、「抗体」(免疫グロブリンE, IgE) を生成する。抗体はその抗原とのみ反応する物質である。生成されたIgEは組織中のマスト細胞の表面に固着する。
再び抗原が入ると、マスト細胞の表面で抗原抗体反応が起こることで、マスト細胞内の顆粒が脱顆粒を起こし、顆粒からヒスタミンなどの化学伝達物質が体内に放出され、この物質が体内でアレルギー反応を起こす。アレルギーとは、免疫反応のうち体に病的な影響を与える反応をいう。

人間が死ぬことはまずない。ハチの毒がときとして致命的となるのは、毒によって「アナフィラキシーショック」という急性のアレルギー反応が引き起こされる場合である。花粉症などもアレルギー反応の一種だが、その反応は喉や鼻など一部にとどまる。しかし、ハチ毒によるアナフィラキシーの場合は、血圧低下、呼吸障害、けいれん、意識障害といった命に関わる全身症状を引き起こす。一度ハチに刺されると、体内で毒に対する抗体が作られる。このため再びハチに刺されると、すでに血中に存在している抗体が即座に一斉に反応し、より激しいアレルギー反応を起こす。これがアナフィラキシーショックである。一度ハチに刺された人は、再び刺されぬように注意が必要である。

アナフィラキシーショックが起きたら一刻も早い処置が必要となる。30分以内に全身症状が現れる場合もある。それを抑えるのに効果があるのがエピネフリン注射である。エピネフリンはアドレナリンと同じ物質。エピネフリン注射は、激しいアレルギー反応のあるとき、免疫システムを強制的にストップさせるための応急処置として用いられる。救急救命用の自己注射キット（商品名「エピペン」）の使用が厚生労働省によって許されているので、スズメバチに一度刺されたことのある人はこのキットを常時携帯しておくと安心である。

日本ではスズメバチの被害が大きいが、アメリカではキラービーによる被害が問題となっている。キラービーとは、蜜の収量を上げるためにブラジルの昆虫学者が、おとなしいが蜜の収量が低いブラジルのミツバチと、気が荒いが蜜の収量の高いアフリカのミツバチを交配させて作り出したものである。ところが、このハチが農業試験場から逃げ出し、野生化してしまって、しばしば大群となって人を襲うという事件が起きている。

話は変わるが、昔から、ハチに刺されたらおしっこをかけろといわれていた。尿に含まれるアンモニアはアルカリ性なので、ハチの毒を中和してくれるのだと、一見まことしやかな説明もある。だが、科学的にみれば、この説はまったくの誤りだ。

ハチの毒成分には、メリチン、アパミン、MCDペプチド、アミン、ヒスタミンなどがあるが、それらはいずれも中性に近く、アルカリ性のアンモニア水で中和するという発想からしてまちがっている。アリの分泌する蟻酸が皮膚についた場合には、アンモニア水で中和する方法は有効だが、ハチ毒にはあてはまらない。

しかし、もっと根本的な誤りがある。健康な人では尿にアンモニアのほとんどは肝臓で無害な尿素に変換されて腎臓から排出されるので、尿にアンモニアは含まれていない。ただしその後、尿を放置しておくと尿素が細菌によって分解されアンモニアになる。

尿にアンモニア効果を期待するなら、しばらく放置した尿をかけるべきなのだ。もちろん、ハチ毒には何の効果もないけれど。ハチに刺されたときの正しい応急措置は、抗ヒスタミン剤を含むステロイド軟膏を塗ることである。そして、できるだけはやく医者へ行くことである。

＊アミン類 アミンとは、アンモニアの水素原子を炭化水素基で1つ以上置換した化合物の総称。生体内ではホルモンや神経伝達物質にアミン類が多い。

＊＊ペプチド タンパク質の断片。タンパク質はアミノ酸が多数連なったものだが、アミノ酸が数個から数十個つながっただけの小さな分子は、特にペプチドと呼ぶ。

２－９　本当にいた毒鳥

地上に毒を持つ生物はたくさんいるが、鳥の中に毒を持つものがいるという報告はなかった。しかし、中国の古代の書である紀元前の『国語』『韓非子』『史記』などには、「鴆《ちん》」という名の毒を持つ鳥がいると記されている。漢の高祖の妻であった呂后は、夫の死後、帝位に上った息子の恵帝を守るべく、側近や異母兄弟を鴆の毒を使って次々と殺害していったと伝えられる。ほかにも中国や日本の古い書物には鴆をめぐる記述がしばしば見られる。だが、近代以降、鴆についての客観的な報告はなく、ガルーダなどと同じく伝説上の鳥なのではないかとも考えられていた。

ところが、１９９２年、ニューギニアのジャングルで確認された毒を持つ鳥の存在が報告された。ニューギニアの固有種であるモズヒタキ科のピトフーイの仲間であるズグロモリモズ、カワリモリモズ、サビイロモリモズの3種である。この鳥を発見したシカゴ大学の生物学者ダンバッチャー博士は、この鳥にかまれた傷をなめたところ、口内がしびれ、羽毛を舌に載せると口と鼻の粘膜が麻痺し、熱くなる感覚を覚えたという。

調査の結果、これらの鳥の羽毛や皮膚には、ステロイド系アルカロイドの神経毒ホモバトラコトキシンが含まれており、そのマウスに対する半数致死量は0・002mg／kgと極めて強力であることがわかった。この毒をモリモズ自身が作り出すのかどうかは、まだ明らかになっていない。フグ毒と同じように、餌となる昆虫に含まれている毒がモリモズの羽毛や皮膚に蓄積されている可能性もあるとみられている。いずれにしても、この毒のおかげでモリモズは、タカやヘビのような天敵に襲われることがないという。

中国の古代書に記された幻の鳥「鴆」が、距離的に大きく離れたニューギニアのモリモズのことであったとは考えにくい。しかし、鴆が毒のある虫を餌にしていた実在の鳥であった可能性はモリモズの発見によって大いに深まったといえるだろう。

2－10　熱帯雨林の宝石ヤドクガエル

南米コロンビアに生息するヤドクガエルの仲間は、思わず目を奪われるような鮮やかな色彩と模様をした小型のカエルである。そのデザインは、まるで最近のアスリートか、シンクロナイズド・スイミングのウェアのように大胆である。その斬新な美しさから、ヤドクガエルは「熱帯雨林の宝石」と呼ばれている。

しかし、その美しさとは対照的に、このカエルは猛毒を持つ生き物としても知られている。ヤドクガエルという名のとおり、南米の先住民はこのカエルの皮膚から分泌される毒を吹き矢の先に塗って狩りに用いていた。ちなみに英語でも、そのまま poison dart frog という。ヤドクガエルの毒成分はバトラコトキシンやプミリオトキシンをはじめ、数百種類のアルカロイド系の神経毒を持つ。特にバトラコトキシンは、ニューギニアで見つかった毒鳥モリモズの持つホモバトラコトキシンと同類の猛毒である。

バトラコトキシンの半数致死量は0・002mg／kgといわれる。ヤドクガエルの中でも、特に猛毒といわれるフキヤガエルの仲間は1匹で2mgのバトラコトキシンを持つといわれる。これは、あくまで計算上ではあるが、一匹で体重50キログラムの人間を20人殺せることになる。バトラコトキシンは神経細胞膜上のナトリウムチャンネルが閉じるのを妨げることによって、神経や筋肉を麻痺させてしまう。フグ毒のテトロドトキシンと逆の作用を及ぼす。

ヤドクガエルの毒も、フグと同じく自分自身が作り出すのではなく、密林の中で摂食するアリ、ヤスデ、テントウムシ、ダニなどに由来しているとされている。このためショウジョウバエなどの無毒な餌を与えて人工的に繁殖させたヤドクガエルからは毒は検出されない。その美しさから、日本でもヤドクガエルをペットとして飼育する人が増えているが、そうしたヤドクガエルはすべて飼育下で繁殖させた個体である。

一方、ヤドクガエルの毒を医薬品として利用しようという研究も盛んである。その毒成分の一つであるエピバチジン*は、モルヒネの200倍という強力な鎮痛作用を持ちながらも、モルヒネ特有の薬物依存や禁断症状が観察されない。この性質を利用してモルヒネに代わる鎮痛薬が開発されている。また、エピバチジンには中枢神経や神経節のアセチルコリン受容体と強く結合する性質があることから、パーキンソン病やアルツハイマー病の治療にも応用が期待されている。心配なのは、その毒に大きな可能性が発見された一方で、野生のヤドクガエルの個体数が激減していることである。

＊エピバチジン　ヤドクガエルの皮膚分泌物から発見された強力な鎮痛物質。当初はその毒性の強さから臨床応用には至らなかったが、研究の結果、薬物依存性や禁断症状の見られない物質の合成に成功。モルヒネに代って利用されはじめている。

2−11 サソリが人を救う?

ギリシア神話のある伝承では、サソリは勇者オリオンを倒すために女神アルテミスが遣わした生き物とされている。サソリの毒で死んだオリオンは天に昇って星座となったが、そこでもサソリが東の空に現れると、オリオンはサソリを恐れて西空の地平線に隠れてしまうのだという。

偉大な勇者をも一撃で倒してしまうとされたサソリだけあって、種類によってはその毒は人間を殺すほど強力である。ただし、サソリは基本的に、小動物や昆虫を餌とするため、多くの種は大きな動物をしとめる毒は持っていない。

サソリの毒は、しっぽの先にある針から注入される。この毒はペプチドと呼ばれるタンパク質性の神経毒である。人の体内にはいると神経線維のナトリウムチャンネルを開いたままにしてしまう。これによってシナプスでのアセチルコリンの放出が止まらなくなり、神経が興奮しっぱなしになって、筋肉は収縮したままとなる。そして、けいれんや麻痺を起こす。治療には抗サソリ毒血清が有効とされる。

ナトリウムチャンネルを閉じたままにしてしまうフグ毒のテトロドトキシンとは、

サソリの毒の作用

神経細胞のシナプス

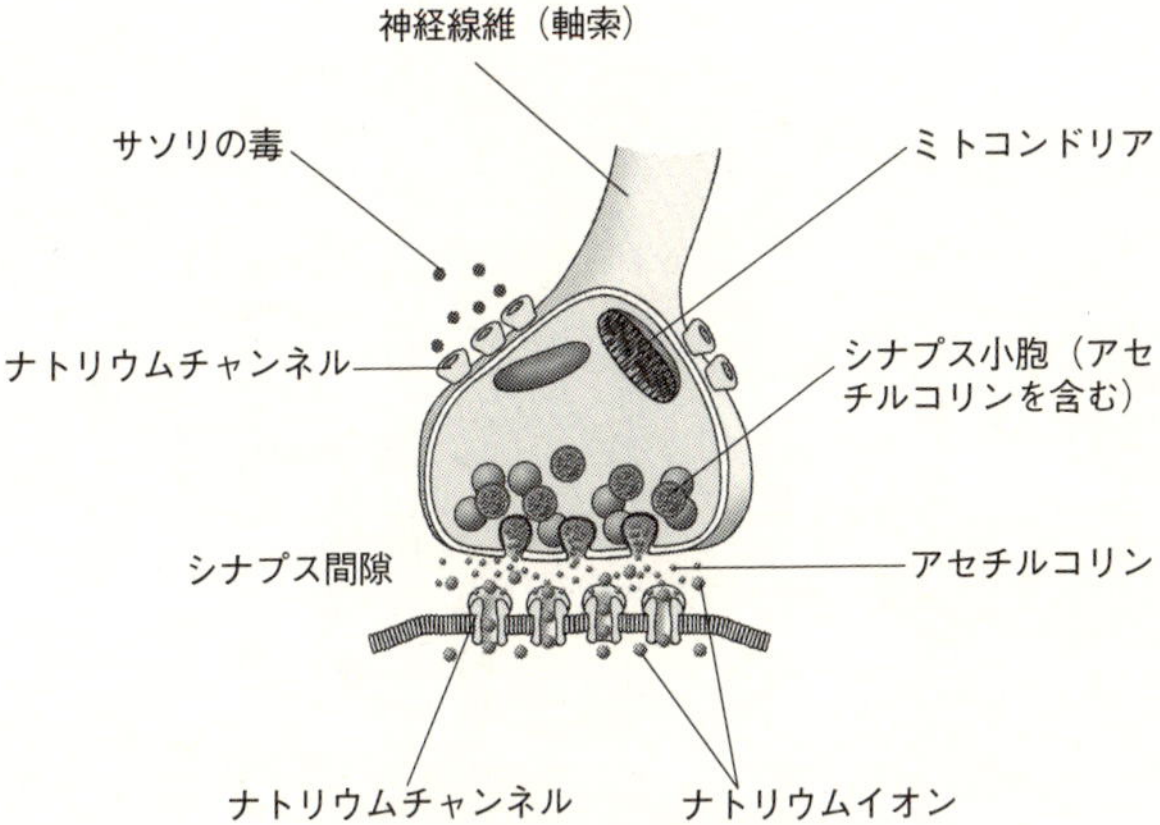

サソリの毒が、神経線維（軸索）のナトリウムチャンネルに結合するとチャンネルを開きっぱなしにするので、ナトリウムイオンが流入し、インパルスを発生する。その刺激で神経伝達物質アセチルコリンが放出され、筋肉が収縮するが、チャンネルが開きっぱなしのために、インパルスが次々に発生し、筋肉が収縮したまま、けいれんや麻痺を起こす。最悪の場合、死に至る。

ちょうど逆の作用である。

このサソリの毒も、近年では薬品としての可能性に注目が集まっている。サソリ毒に含まれるペプチド性のクロロトキシンには、脳腫瘍の3割を占めるという*神経膠腫《しんけいこうしゅ》の細胞と結合しやすいという性質があることがわかっている。神経膠腫の細胞は脳内部で分裂増殖を繰り返し、そこら中に移動するが、その際には塩素イオンを細胞外へ放出し、体積を小さくして細胞間をすり抜けていく。その塩素イオンのチャンネルにクロロトキシンが結合することによって、神経膠腫細胞の移動が阻害されるのである。腫瘍細胞の無軌道な広がりを抑制するのである。近い将来、サソリ毒から神経膠腫の治療薬が生まれるかもしれない。

***神経膠腫**　神経膠腫（グリオーマ）は、脳に発生する悪性腫瘍の一種。グリア細胞や星状グリア細胞が腫瘍化したもの。

2―12　クモ毒の不思議

　クモはその種類によって、さまざまなタイプの毒を持つが、その多くは餌となる節足動物の神経伝達物質グルタミン酸に作用する神経毒である。この毒は人間の神経伝達物質であるアセチルコリンには作用しない。

　毒のあるクモというと、タランチュラという名を思い浮かべる人も多いだろう。タランチュラは脚に毛が生えていて、いかにも強い毒がありそうなグロテスクな風貌をしている。しかし実際にはその毒はそれほど強くないといわれている。毒を持つ多くの生き物と同じく、タランチュラが毒を持つ目的は、昆虫などを捕食するにあたって、餌となる生き物を麻痺させて、動けなくするためである。人間のような巨大な動物は餌にならないので、人間を死に至らしめるような毒は持っていない。

　ただし、クモの種類の中には、セアカゴケグモのように哺乳類に対して活性を示す毒を持っているものもいる。セアカゴケグモは東南アジアやオーストラリアに生息している小型のクモで、日本にはいないと考えられていた。ところが、1990年代半ば、このクモが日本各地で発見され、注意を促す報道がなされた。このクモの毒は、

α－ラトロトキシンというタンパクからなる神経毒であり、神経終末よりアセチルコリン、カテコールアミンなどの神経伝達物質を放出させ、運動神経系、自律神経系を冒し、筋肉の緊張やふるえを起こす。もし、このクモにかまれて全身症状が表れてきたら、できるだけ早く抗毒素を注射しなくてはならない。同じゴケグモの仲間でも、北アメリカに生息するクロゴケグモはさらに強い毒を持ち、かまれた人が死亡する例もある。

また、オーストラリアのシドニー近郊に生息するシドニージョウゴグモのオスはロブストキシンという神経毒を持っている。世界一危険なクモといわれるこのクモの毒は、ゴケグモと同じように神経伝達物質を大量に放出させる。抗毒血清がなかった時代にはかまれて亡くなる人も多かった。ただし、不思議なことに、ロブストキシンが致死的な毒性を発揮するのは、ヒトやサルなどの霊長類と生まれたばかりのマウスだけであり、ほかの実験動物にはそれほど強い作用を及ぼさなかったという。本来、獲物を動けなくしたり、捕食者を遠ざけるはずの毒が、なぜ天敵でも獲物でもない霊長類に特異的に作用するのか、その理由は明らかではない。

クモの毒素の中には、人間の特定の細胞内経路に作用するものもある。これを利用して、現在、不整脈などの治療薬の開発が進められている。

2―13　地上最強、ボツリヌス毒素

食中毒を引き起こす毒素型の細菌の中でも、極めて危険なものはボツリヌス菌である。ボツリヌスとは「ソーセージ」を意味するラテン語であり、その名のとおり、西欧ではハムやソーセージによる中毒として恐れられてきた。その毒素は1グラムで100万人を殺傷可能ともいわれ、生物が生み出す毒素の中でも世界最強のものとされている。その強さは青酸カリの数百万倍ともいわれるが、こういう数値は計算上のものなのであてにはならない。

ボツリヌス菌は、酸素のない状態を好む嫌気性の細菌である。このため現在ではレトルト食品や缶詰、瓶詰などの密閉容器の内部において発生しやすい。また酸素のある条件下では*芽胞《がほう》を作り、酸素がなくなると発芽して増殖を始める。腸管にボツリヌス菌の芽胞がいるブタの腸で腸詰ソーセージを作ると、腸詰の中で毒素を出し、それを食べた人が中毒を起こすというわけである。

ボツリヌス毒素そのものは熱に弱く、100℃の熱湯で1~2分の加熱で不活化する。ただし、芽胞は熱に強く、完全に破壊するには100℃の熱湯で6分以上の加熱

が必要である。

この菌が作り出す毒素はA型からG型まで7つに分類されるが、人間に対して毒性を示すのはA、B、E、Fの4種類である。欧米ではA型、B型が多く、日本では熱に弱いE型による事故が多い。

ボツリヌス毒素は神経毒である。この毒素が神経細胞に取り込まれると、神経伝達物質のアセチルコリンの放出が止まってしまう。初期症状は吐き気や嘔吐などの胃腸症状だが、しだいに舌のもつれ、視力障害、嚥下の困難などの神経症状が表れる。重症になると、手足の筋肉が麻痺し、呼吸困難に陥り、死亡する。治療法としては、抗毒素による血清療法があるが、呼吸困難の場合は、人工呼吸や気管切開が行われることもある。

ボツリヌス菌の毒素は強力なだけに致死率も高い。日本でのボツリヌス菌の事故は毒性の弱いE型によるものがほとんどだった。ところが、1984年、九州でカラシレンコンを食べた人たち36人がボツリヌス菌中毒になり、11名が死亡するという事故が起きた。中毒を引き起こしたのは日本にはいないはずのA型ボツリヌス菌だった。カラシを調べたところ、それがカナダからの輸入品であり、その中にボツリヌス菌の芽胞が存在していたことがわかった。この芽胞が真空パックの中で毒素を出していたわけである。

また、乳幼児に特有な乳児ボツリヌス症というものがある。よく、1歳未満の乳幼児にハチミツを与えてはならないといわれるが、これはハチミツにボツリヌス菌の芽胞が混入している確率が高いからである。成人の場合、少量の芽胞が消化管に入り込んでも、腸内細菌叢ができているため、たとえ発芽しても増殖が抑えられ、毒素も作り出せない。しかし、乳幼児の場合、この腸内細菌叢が十分にできていないため、芽胞が発芽・増殖し、毒素の産生が起こって、ボツリヌス菌中毒を発症してしまうことがある。

非常に恐ろしいボツリヌス菌だが、近年ではボツリヌス毒素を脳卒中後の機能回復に用いるという治療法も普及しつつある。殺菌処理をした少量のA型ボツリヌス毒素には、アセチルコリンの放出を抑制して適度に筋肉を弛緩させる作用がある。この作用を利用して、脳卒中によって生じる過度の筋肉の緊張を緩和するのに利用されている。ほかにも、異常な筋肉の緊張によって生じる眼瞼けいれんや斜視、頸部ジストニアなどにもボツリヌス毒素が薬として利用されている。これもまさに毒＝薬の典型的な一例といえよう。

近年、ボツリヌス菌は皮膚科や美容整形外科でも注目を集めている。A型ボツリヌス毒素から開発された「ボトックス」という商品名の薬品が、目尻のしわや小じわの除去に威力を発揮しているからである。ボトックスは患部に注射することによって、表情筋の動きを抑制してしわをとる効果がある。これまでのようにコラーゲンを注入したり、メスで切開手術をするのに比べると、はるかに簡単で効果的だ。

ボツリヌス毒素を注射すると、患部周辺の神経終末からのアセチルコリンの放出が止まる。これによって、表情筋への信号伝達が遮断され、笑ったりしてもしわができにくくなるというわけである。ほかにも下まぶたをゆるませて目をぱっちり見せたり、小顔にみせたりするのにもボツリヌス毒素が活躍している。

ただし、副作用がないわけではない。注射箇所が適切でないと表情がこわばったり、まぶたが垂れ下がってしまったりという例も報告されている。人によっては皮膚にアレルギー反応が出る場合もある。また、永続的に効果があるわけではなく、3ヶ月から半年くらいで元に戻ってしまう。

ところで、真空パックや加熱済みなどと聞くと、その食品は衛生的だと思ってしまう。しかし、この真空パックは衛生上、本当に安全なのか。実は、真空パック＝滅菌

ボツリヌス毒素の作用

ボツリヌス菌の毒素は、計算上は1グラムで100万人殺傷可能といわれるほど、地上最強の毒素とされる。西欧では、ハムやソーセージによる中毒として知られてきた。日本では死者が出たカラシレンコンでの中毒が有名だ。

ボツリヌス菌

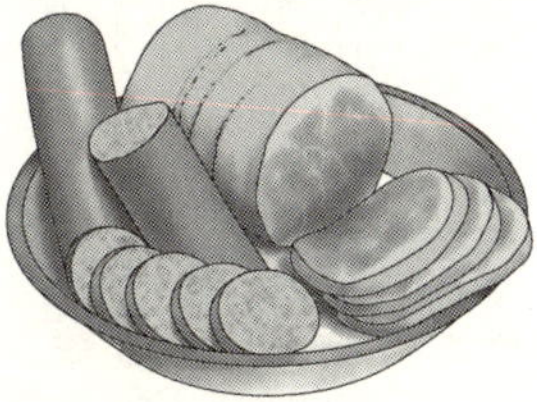

ボツリヌス毒素と神経末端

ボツリヌス毒素は、神経末端であるシナプスの部分から神経細胞内に侵入し、神経伝達物質アセチルコリンの放出を妨げる。アセチルコリンの放出がなければ、受容体に結合できず、相手細胞へ信号は伝達されない。その結果、筋肉や神経の麻痺が起こる。

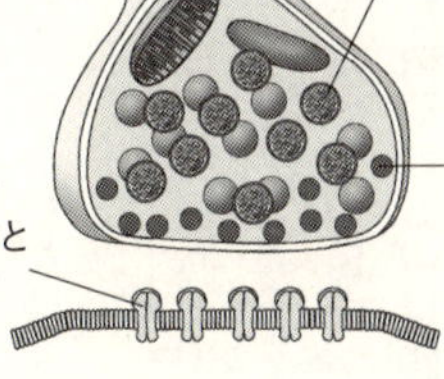

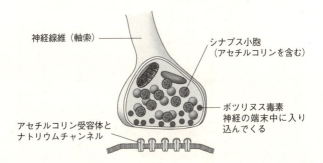

済みというわけではない。真空パックは、酸素を遮断して細菌の繁殖を抑制し、酸化を防止することを目的として食品に導入された。そのため長期間にわたって鮮度を保つことはできるのだが、逆にボツリヌス菌のような嫌気性の菌にとって、真空パックほど繁殖に都合の良い環境はないのである。1984年に九州で起きたカラシレンコンによるボツリヌス菌中毒事件も、真空パックだったがゆえの悲劇であった。真空パックであっても、パックがガスでふくらんでいたり、中身が変色していたりした場合は、口にしないほうが賢明である。

加熱済みだからといって安心できないケースもある。ボツリヌス菌は芽胞の状態では100℃の煮沸消毒にも耐え、そのあと酸素のない環境におけばボツリヌス毒素を放出する。また、食中毒の主要な原因菌の一つに黄色ブドウ球菌がある。この菌がすでに食品の中で毒素を放出していた場合、煮沸消毒することによって菌そのものは死滅してしまうが、毒素は30分煮沸消毒しても分解しない。真空パックや加熱処理済みだからといって油断すべきではない。

＊芽胞　ある種の細菌は、温度や毒性などによって、環境が悪化すると、細胞内に芽胞と呼ばれる丈夫な殻のような構造体をつくり、その中に遺伝子を入れておく。細菌が死滅しても、この芽

胞だけは生き残り、環境が良好になると再び活動をはじめる。

2-14 O157とベロ毒素

食中毒といえばO157が思い浮かぶほど、そのシンプルな呼称が日本で有名になったO157だが、正確にはベロ毒素産生性大腸菌、もしくは腸管出血性大腸菌O157:H7という。日本では1996年に岡山で起きた学校給食の集団食中毒をきっかけとして知られるようになった。厚生労働省によると、この年のO157の発生件数は計87件、死者は8名、患者数は1万人を超え、日本中がO157に対する恐怖にふるえた。

O157はベロ毒素と呼ばれる、極めて強い毒素を作り出す。この毒素は、赤痢菌の毒素として知られていた志賀毒素とタイプがよく似ていることから志賀毒素群毒素と呼ばれることもある。

ベロ毒素は、毒素の活性のあるAサブユニットと、細胞と結合しやすいBサブユニットからなる、分子量約70000のタンパク質である。

ベロ毒素が体内に取り込まれると、大腸の粘膜から吸収され、粘膜細胞内のリボソーム*を破壊しタンパク質の合成を阻害して、細胞を死滅に追いやる。このため感染者は腸から出血し、血便と腹痛を起こす。さらに血液中に取り込まれたベロ毒素は、赤血球を壊し、腎臓の尿細管細胞を破壊して溶血性尿毒症症候群を引き起こす。

通常、脳の毛細血管にある血液・脳関門は毒性のある物質の侵入を妨げる働きをしている。しかし、ベロ毒素はこの脳関門を突破してしまう。このため症状が進行すると、けいれんや意識障害などの脳障害を引き起こすこともある。

Ｏ１５７は１９８２年、アメリカで起こったハンバーガーによる集団中毒事件の際、その原因菌として特定された。その後、世界各地で発見されている。Ｏ１５７感染の原因とされる食品にはハンバーガー、牛レバ刺し、ハンバーグ、牛タタキ、ローストビーフなどの牛肉製品、さらにサラダ、貝割れ大根などの生野菜などがある。

Ｏ１５７の感染力は大変強い。ほかの食中毒では症状を引き起こすには１００万個以上の菌を必要とするが、Ｏ１５７の場合、わずか１００個程度の菌でも食中毒になり、二次感染も起こりやすい。低温にも強く冷凍庫内でも生きており、また酸に対する耐性もあり、胃液の中でも生き続けられる。しかも、ベロ毒素の毒性は大変強く、ボツリヌス毒素と破傷風毒素に匹敵するといわれている。

ただし、このＯ１５７にも弱点がある。それは熱に弱く、75℃の温度で１分間加熱すれば菌が死滅することである。このためＯ１５７の最良の予防法は、食品を内部ま

で よく加熱することにつきる。

ところで、O157の流行以後、日本では除菌・抗菌グッズがブームになり、今やすっかり根付いてしまった感がある。しかし、人間の皮膚には1平方センチメートル当たり数十万から数百万の皮膚常在細菌が生息しており、これらが皮膚細胞の生命活動と密接にかかわっている。また、腸内にもさまざまな腸内細菌が生息しており、腸内環境のバランスを保っている。たとえ、病原性大腸菌が侵入しても腸内細菌のバランス作用のおかげで、爆発的に増殖することはあまりない。

ところが、除菌・抗菌思想にとりつかれるあまり、すぐに抗生物質を服用したり、強い除菌力をもつハンドソープなどを常用していると、逆に皮膚も腸内も無防備な状態にさらされることになる。1996年以降、日本でそれまであまりなじみのなかったO157が多発するようになったのも、自然と隔たった清潔な環境の中での生活のために、日本人の免疫力が低下したためではないかという説もあるほどなのである。

＊リボソーム　細胞内のタンパク質製造工場の役割を持つ。DNAからタンパク質の合成情報を写しとったメッセンジャーRNAが核外へ出て、リボソームへその情報を伝え、タンパク質合成をする。

2－15　煮ても焼いても食えないカビ毒

昔から「カビの生えたモチは毒ではない」といわれてきた。たしかに、少しぐらいカビの生えたモチを食べても、味が悪いくらいで、腹痛も下痢も起こさない。しかし、カビ自体は有害ではなくても、カビが作り出す生成物（マイコトキシン*）が有害であるというケースがある。

今から50年近く前、ロンドンの七面鳥飼育業者の間に波紋を広げた事件がある。1960年のクリスマス前、十数万羽という大量の七面鳥が突然、いっせいに謎の死を遂げたのである。原因をつきとめるべく、死んだ七面鳥が解剖されたが、病原菌は見つからなかった。

ところが、調べを進めるうちに、奇妙な事実が明らかになった。死んだ七面鳥たちが、いずれもある特定の飼料会社の餌を食べていたのである。その餌をくわしく調べてみたところ、そこに混ぜられたブラジル産のピーナッツミールが数種類のカビに汚染されていることがわかった。

しかし、当時、カビの生産する化合物で、これほど強烈な毒性を発揮するものは知られていなかった。そこで、さらにカビの培養を続けて、詳細に分析した結果、アスペルギルスフラブスというカビから生じたアフラトキシンという化合物が七面鳥の大量死の原因であることがわかった。

このアフラトキシンは一時的には死に至らない少量であっても、投与を続けることによって肝臓に蓄積して、しまいには肝硬変**を起こさせるという慢性的な毒性があることがわかった。さらに、アフラトキシンのうち、アフラトキシンB_1と呼ばれる化合物には、天然毒の中で最も強い発ガン性があることも明らかになった。アフラトキシンB_1はタンパク質の合成を阻害して、細胞死を起こさせる作用がある。また、B型肝炎ウイルスに感染していると、アフラトキシンを摂取することによって発ガン率が30倍は高まるという報告もある。

アフラトキシンを生み出すカビであるアスペルギルスフラブスは、日本で味噌やしょう油などの発酵食品を造るときの酵母であるアスペルギルス・オリゼと、近縁の種である。このため、われわれの周囲の食品からもアフラトキシンが産生されるのではないかと心配されたが、その後の調査でアスペルギルス・オリゼも含めて、日本にはアフラトキシンB_1のような有毒成分を作り出すカビは生息していないことが明らかになった。

とはいえ、外国からの輸入食品（ナツメグ、ピスタチオナッツ、ピーナッツ、トウモロコシ）の中にアフラトキシンに汚染されたものが見つかることがある。そのため、アフラトキシンに汚染されやすい食品については厳格な規制値が設けられている。

アフラトキシン以外にも、カビの作り出す毒は300種類以上見つかっている。麦やトウモロコシなどに繁殖するフザリウム属のカビは、デオキシニバレノール、ニバレノール、ゼアラレノンなどのカビ毒を産生して、「赤かび病」とよばれる病害を引き起こす。こうしたカビ毒に汚染された食品を食べると、嘔吐や腹痛、下痢など中毒症状や、造血機能障害や免疫機能の抑制などを引き起こす。

また、アスペルギルス・オクラセウスなどが産生するオクラトキシンAは腎臓障害や肝臓障害を引き起こし、発ガン性もある。ペニシリウム・シトリナムなどが産生するシトリニンは腎臓の尿細管上皮変性を起こす。このカビ毒は米に寄生して、黄色く染める性質があることから、このカビ毒に汚染された米は黄変米と呼ばれている。

カビ毒の多くは熱に強く、加熱調理によって分解されない。このためカビ毒を作り出したカビが死滅しても、カビ毒は食品中に残る場合が多い。

＊マイコトキシン　マイコトキシンは、カビの代謝産物として産生される毒素の総称である。

Mycotoxin の「myco」は「菌の」という意味の接頭語。100種類以上あるとされ、その病原性も発がん性や胃腸障害などさまざまである。

＊＊肝硬変 ウイルスやアルコールが原因で肝細胞が障害を受け、壊死と再生を繰り返すうちに、線維化を起こし、固い肝細胞のかたまりができて、正常な肝機能を失う肝疾患。症状が進むと腹水、浮腫、黄疸がみられ、肝不全に至る。

２―16　炭疽菌と生物テロ

２００１年９月に起きたニューヨーク同時多発テロの後、猛毒の炭疽菌《たんそきん》の入った郵便物が、アメリカの放送局や政府関連施設などに送られるという生物テロが起きた。被害は、郵便局職員から、政府関係者、報道関係者、一般市民にまで及び、死者５名を含む多数の感染者が出た。インドやパキスタンでも炭疽菌の入った郵便物が発見され、同時多発テロに続く炭疽菌テロの恐怖が世界を不安に陥れた。

炭疽菌は、第二次世界大戦のころから生物兵器として使用するために研究された細菌の一つである。実際に実戦で用いられたことはないものの、旧ソビエトで炭疽菌の流出事故が起きたり、旧ローデシア（現ジンバブエ）の内戦地域で炭疽菌感染者が大発生したりという事件が起きている。

日本でも、オウム真理教によるテロ目的の炭疽菌散布が行われたが、菌の毒性が弱かったため、被害者を出すには至らなかった。

炭疽菌はもともと土壌に生息しているありふれた細菌である。ウシやウマ、ヒツジなどの草食動物が草を食べるときに感染するケースが多い。ヒトへの感染は、これらの動物の体液に触れたり、解体処理をしたり、皮革を扱ったり、肉を食べたりという過程で起きることが多いが、ヒトからヒトへは感染しない。感染経路には吸入（肺炭疽）、経皮（皮膚炭疽）、経口（腸炭疽）がある。最も重症なのは肺炭疽だが、自然感染の場合、そのほとんどは皮膚炭疽である。

肺炭疽は初めのうちは風邪に似ているが、その後、急性呼吸困難と敗血症*が起きてしまうと、抗生物質を投与してもその死亡率は90パーセントに上る。

皮膚炭疽では複数の水疱が集まって大きな水疱を作り、やがてそれが破れて潰瘍となって中央部に黒褐色の痂皮《かひ》を生じる。適切な治療をしないと、敗血症などで死亡することもある。

腸炭疽は炭疽菌に汚染された食品や飲み物を介して感染する。嘔吐、腹痛、吐血、下血、腹水など胃腸の症状が表れ、やはり放っておくと敗血症になる。治療にはペニシリン、テトラサイクリン、ニューキノロンなど多くの抗生物質が有効である。早期に治療すれば皮膚炭疽の死亡率は1パーセント以下とされている。

炭疽菌が体内に入ると、宿主の血清中にD-グルタミン酸ポリペプチドからなる莢**膜を形成し、これが菌自身を白血球の攻撃などから保護する一方、菌の内部では浮腫因子（EF）、致死因子（LF）という二種類のタンパク性の外毒素を作り出す。さらに、これらの毒素を宿主細胞内に運ぶための防御抗原（PA）と呼ばれるタンパクを生成する。このようにして悪性の感染症状が引き起こされる。

炭疽菌は手に入りやすく、培養も容易である。また、芽胞を形成すると乾燥状態でも十数年にわたって生存できることから、今後も生物テロの兵器として使われる可能性がないとはいえない。炭疽菌だけでなく、生物テロに応用可能な病原菌とその情報をいかに管理するかが、今問われているのである。

＊敗血症　血液が細菌に感染して、症状が全身に及んだ状態。細菌そのものが血液中になくてもその毒素が全身にまわり、肝臓や肺、腎臓などがおかされて、危険レベルの血圧低下や呼吸困難など、重い症状を示す。

＊＊莢膜《きょうまく》　ある種の細菌は、細胞壁の外側に粘稠《ねんちゅう》性の膜状の厚い層をつくる。これが莢膜で、菌体内から分泌された多糖体やペプチドからなる。この層が白血球などの攻撃から細菌を守る。

2-17 破傷風毒素は逆流する

２００４年12月に起きたスマトラ沖大地震後、被災地では破傷風の感染が広がり、被災者たちの間に多数の患者が出た。津波のために靴やサンダルが流され裸足になった被災者が、古釘や木片、珊瑚や岩などでけがをし、その傷口から感染したのではないかとみられている。

破傷風菌は土の中に普通に存在する菌である。ボツリヌス菌と同じく嫌気性であり、その芽胞は煮沸しても死なないほど熱に強い。この芽胞が、傷口から体内に入ると、ふさがった傷口の中で外毒素のテタノスパスミン（破傷風毒素）を産生する。テタノスパスミンはボツリヌス菌毒素に匹敵する最強の猛毒の一つで、その人間に対する半数致死量は体重1キログラム当たり、わずか０・０００００2ミリグラムとされている。

このテタノスパスミンには神経を逆流するという奇妙な性質がある。テタノスパスミンが体に入ると、運動神経の終末に入り、中枢から伝達される信号の流れとは逆に、神経細胞の軸索を伝わって、脊髄に達する。脊髄に到達したテタノスパスミンは神経細胞を興奮させ、体がつっぱって、激しいけいれんを起こしたり、あごが開かなくなったり、首が弓のように反ったままになるなどの神経症状を引き起こす。けいれんのときにかかる力は絶大で、ときに背骨の骨折を起こすほどである。ただし、症状の発現には感染から10日以上かかる。それはテタノスパスミンが軸索を通る速度が極めて遅いため（1日で75ミリ）、脊髄に到達するのに時間がかかるためである。

破傷風の予防にはテタノスパスミンをホルムアルデヒドで無毒化した破傷風トキソイドワクチンによる予防接種が効果的である。日本でもジフテリア・百日ぜき・破傷風の定期予防接種が普及してからは、破傷風の患者は激減している。破傷風に感染してからの治療には、破傷風トキソイドをウマに接種して作った抗毒素血清が用いられるが、テタノスパスミンが脊髄の神経細胞と結びついたあとでは、もはや効き目がない。

破傷風による死亡者は世界的にみれば減少しつつあるが、途上国では新生児の破傷風が大きな問題になっている。これは不衛生な分娩の結果、新生児のへその緒が破傷風菌に触れることによって生じると考えられている。新生児破傷風による死亡者は、年間20万人に達し、世界の破傷風死亡者数全体の14パーセントを占めている。

2－18　ペニシリンのいたちごっこ

抗生物質は微生物の作り出す、れっきとした毒である。しかし、この毒が宿主には毒性を及ぼさず、ほかの微生物だけを攻撃するという性質を持っていたことから、医薬品として利用されることになり、ひいては今世紀の感染症の治療に革命をもたらした。抗生物質という毒物なしに、近代医学の発展はありえなかったといえる。中でも、最初に発見されたペニシリンの登場は画期的だった。ペニシリンのおかげで、第二次世界大戦中、戦場で負傷した多くの兵士の命が救われたのである。

ペニシリン発見のきっかけは偶然だった。イギリスの細菌学者フレミング*がブドウ球菌の培養を行っていたとき、たまたまシャーレにカビの胞子が混入してしまった。すると、思いがけないことにカビの周りだけブドウ球菌が増殖せず、透明になってしまったのだった。フレミングは、カビが細菌を溶かす毒性物質を産生していると考えた。そして、このカビが青カビの一種ペニシリウム属であったことから、細菌に対して活性を持つこの物質をペニシリンと名付けた。

ペニシリンはどのようにして病原菌を破壊するのか。これはペニシリンの化学構造とかかわっている。病原菌は細胞分裂にあたってまず細胞壁を作り出す。次に、病原菌内に存在する**トランスペプチダーゼという酵素が、この細胞壁と病原菌をつなぐ。ところが、ペニシリンはこの細胞壁とよく似た構造をしているため、病原菌はペニシリンを細胞壁とかんちがいしてつかんでしまう。すると、細胞壁が完成されず、病原菌は浸透圧に耐えられなくなって溶菌を起こして、死滅してしまうのである。だが、ヒトの細胞にはこのような細胞壁が存在しないため、ペニシリンが作用することはない。これがペニシリンの毒が選択的に作用する仕組みである。

アレキサンダー・フレミング
1881～1955年。英国人。微生物学者。1928年、青カビからペニシリンを発見。翌29年、世界初の抗生物質として学会誌に発表した。

しかし、ペニシリンの攻撃に対して、病原菌も黙ってはいなかった。ペニシリンが近づくと、その情報をキャッチしてペニシリンを攻撃するような物質を産生するように進化したのである。

これに対して、人間はペニシリンに化学物質を加えたメチシリンという抗生物質で対抗した。ところが、病原菌はさらに進化を遂げ、MRSA（メチシリン耐性黄色ブドウ球菌）、そしてVRE（バンコマイシン耐性腸球菌）といったいっそう強力な耐性を持つ菌となって立ち向かってきた。

新種の抗生物質ができれば、必ずそれに耐性を持つ進化した菌が出現するといういたちごっこが細菌の世界では続いている。

＊ブドウ球菌　化膿や食中毒の代表的な細菌。容易に培養でき、ブドウの房状に分裂増殖する。汚染された食品は加熱しても中毒予防にはならない。

＊＊トランスペプチダーゼ　転移酵素のこと。ある物質をほかのところへ運ぶ働きをする。

第3章

植物毒の秘密

3－1　植物毒とはどんな毒か

　毒のある植物というと、すぐトリカブトやチョウセンアサガオといった猛毒の植物が思い浮かぶかもしれない。現在、日本で有毒植物とされているものは、およそ２００種ほどある。

　だが、実際にはそれ以外の植物にも、微量ではあれ毒成分とされるアルカロイドが含まれている場合が多い。

　例えばピーマンやトマトのような野菜にもアルカロイドは含まれているし、そのほかにもシュウ酸*や配糖体などの毒成分が含まれているものは多い。ただし、いずれも微量なため人間の体に影響を与えるほどではないことから有毒植物とはされていない。料理の際に、あく抜きといって野菜を加熱したり、水にさらしたりするのは、こうした微量な毒成分を抜くためである。

　植物がアルカロイドのような毒成分を持つのは、虫や動物に食べられないように、自分の身を守るためだと考えられている。動物毒が相手を捕食するためにその動きを麻痺させる攻撃的なものであるのとは対照的である。興味深いのは、動物の中には、こうした植物の戦略を逆に利用するものがいることだ。本章で触れるように、モンシロチョウの幼虫やカイコは、自らを進化させ、ほかの虫が嫌う植物をあえて餌に選ぶことによって餌を独占することを可能にした。植物と動物の毒をめぐるかけひきといえるかもしれない。

アルカロイドの作用は、炎症を起こすものから、神経に作用するもの、ガンを起こすもの、精神に作用を及ぼすものまでさまざまである。

一方、そうした多彩なアルカロイドの作用は古くから医学にも応用され、中国での伝統的な薬草学から、現代のバイオテクノロジーまで、あらゆる形で応用研究が進められている。ここでは、そんな多彩な植物毒の世界をみていくことにしよう。植物毒の意外な姿も見えてくるはずである。

なお、毒キノコは菌類なので本来なら動物毒の項に分類すべきなのだが、便宜上、植物毒の項に収めた。

＊シュウ酸　ジカルボン酸のなかでもっとも単純な形をした物質で、植物に多く含まれる。タデ科（ギシギシ、イタドリなど）、アカザ科（アカザ、ほうれん草など）、タケノコに水溶性のシュウ酸塩が含まれる。

3―2 「継母の毒」トリカブト

日本ではトリカブトといえば、すぐ殺人事件という言葉が思いつくくらい、この植物には犯罪と結びついたイメージがある。しかし、実際のところ、歴史の中でトリカブトによる暗殺が盛んだったのは中世ヨーロッパまでで、その後はむしろ薬草として漢方薬などの原料として用いられることのほうが多かった。

トリカブトという名は、舞楽に用いられる帽子（鳥兜）に由来し、英語でも「修道士の頭巾」と呼ばれている。キンポウゲ科の多年草であり、ヨーロッパからアジアにかけて、広く北半球の温帯を中心に500種類以上が自生している。青紫色の美しい花を咲かせることから、観賞用としても知られているが、その葉や根に含まれる毒成分は極めて強い。

このため古くからトリカブトは暗殺用の毒の花形として歴史のさまざまな局面で暗躍してきた。古代ローマ時代には、皇帝の世継ぎ争いのためにトリカブトでライバルを暗殺する事件が絶えなかった。このためトリカブトは「継母の毒」と呼ばれた。

日本でも暗殺にトリカブトが使われた歴史は古い。トリカブトの塊茎《かいけい》を干したもの

トリカブトの毒の作用

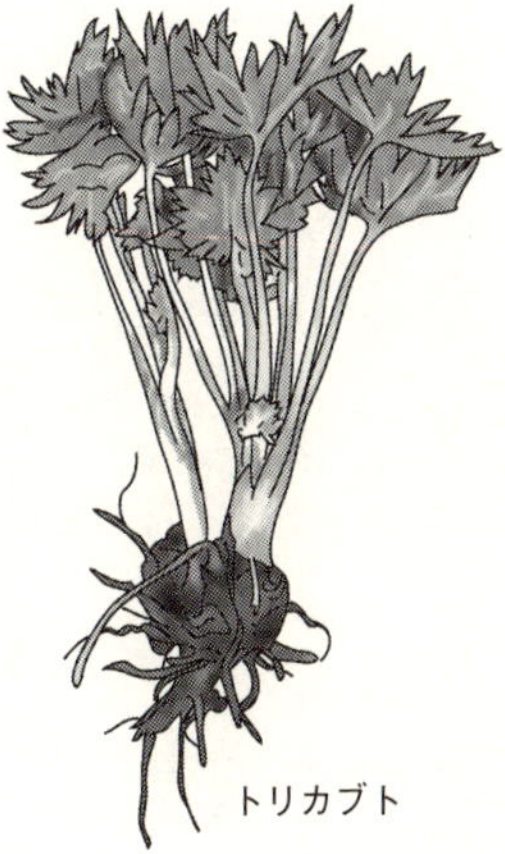

トリカブト

トリカブトの毒成分はアコニチンというアルカロイドの一種である。アコニチンは、神経線維（軸索）のナトリウムチャンネルに結合してチャンネルを開き、ナトリウムイオンを流入させたまま外に出さず、電位を持続させ、結果的にインパルスの発生を妨げてしまう。そのため神経伝達物質アセチルコリンが放出されず、信号の伝達が阻害されて、血圧低下、けいれん、呼吸麻痺を起こす。

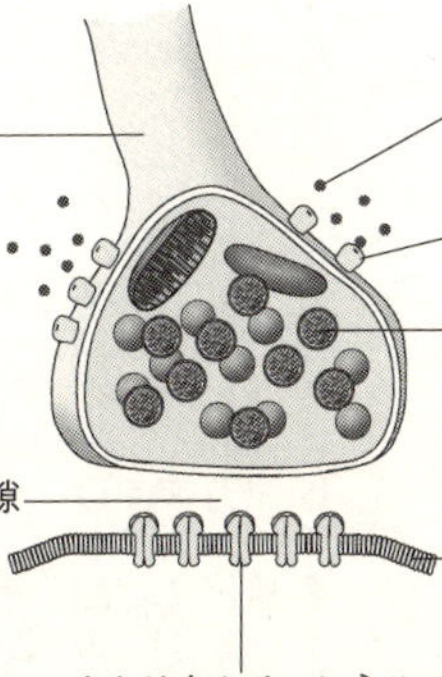

は附子《ぶし》と呼ばれ、心不全などの漢方薬として用いられてきた。奈良時代に編纂《へんさん》された「養老律令《ようろうりつりょう》」の中では、附子を用いて人を殺した者は絞首刑と定められていた。また、アイヌが伝統的に用いていた狩猟用の矢にもトリカブトの毒が塗られていた。

トリカブトの主な毒成分はアコニチンというアルカロイドの一種である。アコニチンは神経細胞のナトリウムチャンネルを開き、細胞内へのナトリウムの流入を促進する作用がある。その結果、アセチルコリンの遊離が抑えられ、神経の伝達が阻害される。アコニチンは少量であれば、鎮静作用や強心作用などの薬理作用があるが、過剰に摂取すると、口のしびれ、嘔吐やけいれんを起こし、知覚神経が麻痺し、呼吸が阻害され、ついには窒息死を起こすのである。その致死量は人間1人に対して2〜3ミリグラムといわれ、これはトリカブトの葉約1グラムに相当する。

しかし、そんなトリカブトも近代になってから、暗殺の目的で使用されることはほとんどなくなった。それは、科学の進歩によって、トリカブトの毒成分であるアコニチンの特定が簡単にできるようになったためである。また、もともとトリカブトは非常に苦い味のため、食物や飲み物に混入させても暗殺しようとした相手が気づいてしまう可能性が高い。それだけに1986年に日本で起きたトリカブトを用いた保険金殺人は、捜査にあたった警察にとっても盲点をつかれた事件だった。

3-3　ハシリドコロとベラドンナ

日本でもよく見られるナス科の有毒植物にハシリドコロがある。暗い紫色をした釣り鐘型の花を咲かせる植物だが、ハシリドコロという変わった名前がついたのには理由がある。ハシリドコロは、トコロという名のヤマノイモ科の植物に根の形が似ている。このため、まちがえて食べると、幻覚に襲われ、狂ったように走り回るということから、この名がある。

ハシリドコロにもアトロピンやスコポラミンなどの成分が含まれている。漢方医学では、その根を莨菪根《ロウトウコン》と呼び、胃けいれんや喘息や神経痛などの鎮痛、鎮痙薬として用いてきた。アトロピンやスコポラミンには、副交感神経の働きを抑制し、瞳孔の周りの平滑筋を弛緩させて瞳孔を広げ、目を美しくみせる作用があることから目薬の成分としても用いられてきた。ロートという名が目薬の会社の名前にも使われているのはそのためである（ただし、現在、瞳孔散大に利用される目薬にはアトロピンは用いられておらず、より副作用の少ない成分が利用されている）。

ハシリドコロと同じ作用を持つ西洋の植物にベラドンナがある。ベラドンナとは

「美しい婦人」という意味である。その理由は、ルネサンス時代の貴婦人たちの間で、この植物のしぼり汁を目にさして、目をぱっちりとみせることが流行していたためである。いうまでもなく、これはベラドンナに含まれるアトロピンの作用である。ただし、アトロピンによって開いた瞳孔はなかなか元に戻らなかったり、またアトロピンの過剰投与による副作用で目に障害が残るケースも少なくなかったようである。ベラドンナも、ハシリドコロ同様、幻覚や錯乱を引き起こし、暗殺に用いられてきた植物としても知られる。

ベラドンナの医療的利用法を日本に紹介したのは、江戸時代末期に来日したドイツの医師シーボルトである。シーボルトは、ベラドンナで瞳孔を拡大させて眼科手術を行った。ただし、持参していたベラドンナには限りがあった。日本の眼科医から、眼科手術のためのベラドンナを分けてほしいと頼まれたシーボルトは、「日本にも同じものがある」といってハシリドコロの存在を示したのである。

しかし、実際には両者は、同じナス科の植物で生理活性成分も似ているとはいえ、ちがう植物である。とはいえ、シーボルトの勘ちがいから、ハシリドコロの眼科治療への利用の道が開けたのはまちがいない。

アトロピンの作用

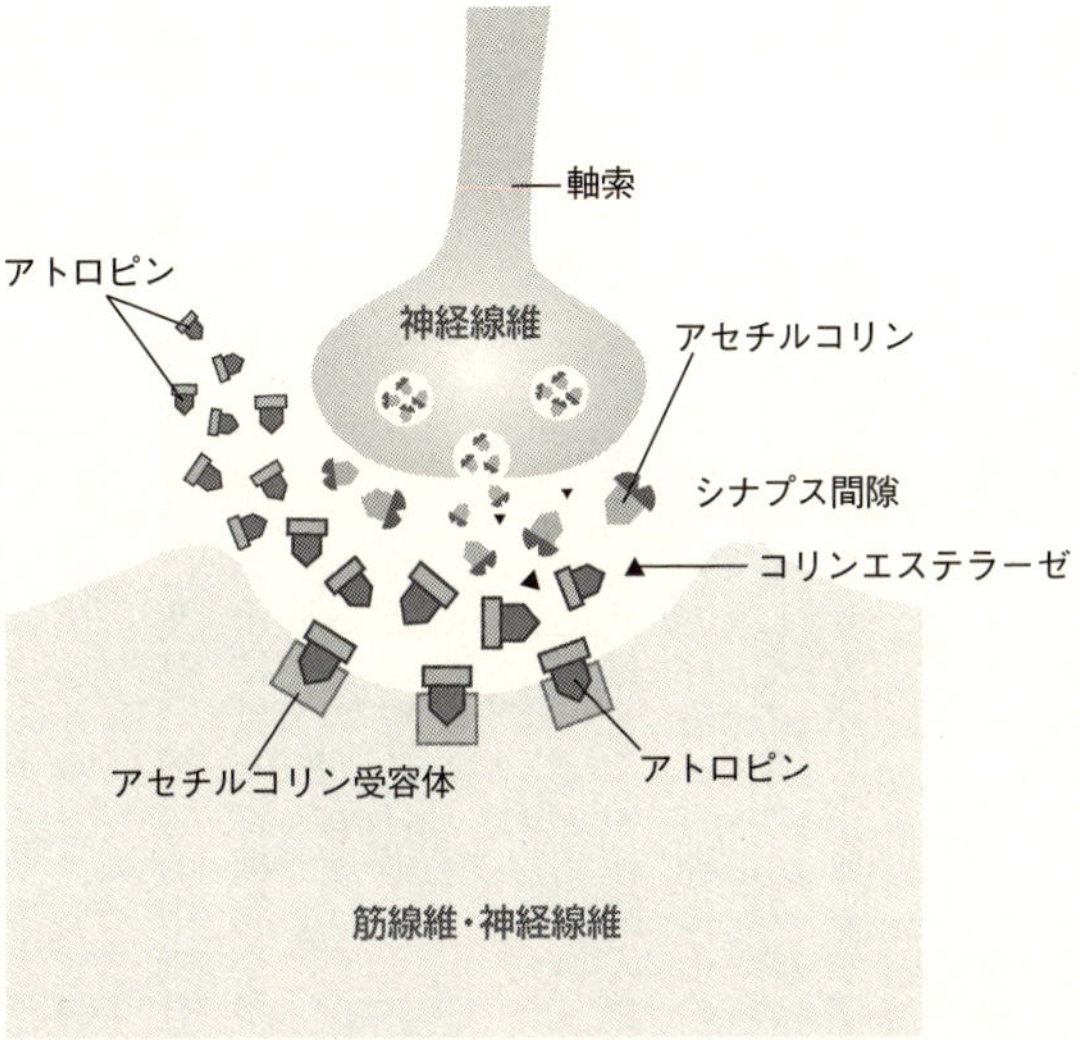

ハシリドコロやベラドンナに含まれるアトロピンは、代表的な有毒アルカロイドである。アトロピンは、神経伝達物質アセチルコリンと化学構造がよく似ているために、シナプスの相手側細胞のアセチルコリン受容体に、アセチルコリンを押しのけて結合してしまう。そのため信号の伝達が阻害され、副交感神経などの働きを抑制し、平滑筋を弛緩させたりする。アセチルコリンの過剰な作用を抑えるので、サリンの解毒剤としても応用されている。

3－4　チョウセンアサガオとアトロピン

ナス科の植物は世界で２３００種に及び、植物の中でも最も種類が多いといわれている。また、この科に含まれる植物の中には有毒植物が多いことでも知られる。代表的なものには、ハシリドコロ、チョウセンアサガオ（マンダラゲ）、ベラドンナ、マンドラゴラなどがあり、これらはアトロピンやスコポラミンといったアルカロイド系の成分を含んでいる。

その中でも、チョウセンアサガオは、日本でも昔からよく知られている有毒植物である。江戸時代の医師であった華岡青洲*は、この植物の葉を中心に調合した全身麻酔薬「通仙散」を考案したことで知られている。青洲はその実験を、自分の妻に対して最初に行った。麻酔は効いたが、のちにその副作用のために、青洲の妻は失明してしまうことになった。このチョウセンアサガオの主成分がアトロピンやスコポラミンである。

アトロピンやスコポラミンは神経伝達物質のアセチルコリンと似た構造を持つ物質である。これが体内に入ると、副交感神経のシナプスにおいてアセチルコリンの受容体と結合してしまうため、本来のアセチルコリンによる信号の伝達が阻害される。また、これらの物質は血液・脳関門を通過してしまう。このためチョウセンアサガオによる中毒によって、激しい幻覚や狂躁状態、昏睡症状が誘発されることがある。

アトロピンは強い毒性を持つ一方、神経の興奮を妨げる作用があることから胃腸の緊張を緩和する鎮痛薬としても利用されているほか、サリンに対する解毒剤としても利用されている。サリンはアセチルコリン分解酵素（コリンエステラーゼ）と結びつく性質がある。このためサリンが体内に入ると、シナプスで放出されたアセチルコリンが分解されずに残ってしまうため、神経の興奮が収まらなくなる。こうして呼吸麻痺などの症状が引き起こされるのがサリン中毒である。そこにアトロピンを投与すると、アセチルコリン受容体にくっつき、アセチルコリンによる信号伝達を邪魔して、サリンに対する解毒作用を発揮するのである。

＊華岡青洲（1760〜1835）　日本ではじめて乳がんの麻酔手術を行った江戸時代の外科医。オランダ医学を学び、郷里（現在の紀の川市）で開業。手術での患者の苦しみをやわらげるために麻酔薬を開発、成功した。母や妻が自ら進んで人体実験を受けたことは有名。

3—5 毒ニンジンとソクラテス

毒ニンジンといっても、日本では自生していないため、あまりなじみがない。しかし、ヨーロッパでは普通にみられる植物である。毒ニンジンは背丈二メートルに達するものもあるセリ科の植物で、コニイン*というアルカロイドを含む。

この植物は、ギリシア・ローマ時代には毒杯をあおって死ぬ際に用いられていたようである。使用にあたっては陰干ししたものを粉末にして、水や湯に溶かして用いたといわれている。死刑を宣告されたギリシアの哲学者ソクラテスが飲んだのも、この毒だったとされている。

コニインは中枢神経を興奮させ、次いで呼吸中枢を麻痺させることによって嘔吐や呼吸障害を引き起こし死を招くとされる。また、神経と筋肉の接合部を遮断して、知覚の喪失をもたらす作用がある。麻痺は手足の末端から始まる。しかし、意識が失われることはなく、肉体だけが硬直していき、やがて横隔膜の筋肉が麻痺して呼吸困難になり窒息死するとされる。

ソクラテスの弟子、プラトンは師が毒を口にしたときの様子を次のように記す。

ソクラテスが毒を飲んだあと、毒を渡した男はソクラテスの足を強く押し、「感覚はあるか」とたずねたという。ソクラテスが「ない」と答えると、次に男はすねを押し、再び感覚があるかどうかと聞いた。ソクラテスはここでも「ない」と答えた。すると男は、周りの者たちに「無感覚な状態がだんだん上にあがり、次第に冷たく、かたくなり、それが心臓まで来たら死ぬ」と説明した。その後、しばらくして腹部が冷たくなり、まもなくソクラテスは絶命したと、弟子のプラトンは伝えている。

毒ニンジンはヨーロッパでは簡単に手に入り、すりつぶしたりして加工するのも容易だった。しかも死に方が穏やかなこともあって、自殺や死刑にしばしば用いられた。一説によると、処刑人たちは、毒ニンジンにアヘンを混ぜて、そのモルヒネの作用によって苦しみを取り除いたともいわれる。

＊コニイン　アルカロイドの一種で、神経毒である。名は毒ニンジンの学名（conium maculatum）に由来する。ヒトの致死量は60～150ミリグラム。運動神経の麻痺から中枢神経の抑制へと進む。消化管からの吸収が速く、中毒症状を起こして30分から1時間で死に至る。

3-6　きれいな花には毒がある――ヒガンバナ、スイセン

「きれいな花には毒がある」というが、天界の花とされるヒガンバナ（曼珠沙華）もその一つである。ヒガンバナは、その名のとおり、お彼岸のころに赤い花を咲かせる。シビトバナ、ジゴクバナといった不吉な別名もある。葉を出す前に花だけを咲かせるその姿が、どこか恐ろしげなイメージと結びついたのかもしれないが、秋の彼岸のころに野山に咲く彼岸花の群れには、この世ならぬ美しさがある。

しかし、ヒガンバナにはリコリンというアルカロイドが含まれていて、その鱗茎《りんけい》*を大量に食べると、中枢神経が麻痺して死亡することもある。一方で、ヒガンバナの鱗茎は民間療法では薬として利用されてきた。あかぎれや打ち身には鱗茎をすり下ろしたものを塗布し、鱗茎を少量煎じたものは催吐剤として用いられた。そのほかにも腎炎やリュウマチ、タムシなどの治療にもヒガンバナは用いられた。きれいな花には毒があるが、同時に薬でもあるのだ。

ほかにも、スイセンやアマリリス、ハマユウなどヒガンバナ科の植物には、それぞれ有毒なアルカロイドが含まれている。スイセンは全体に毒が含まれていて、とくに

鱗茎に毒が多い。成人の致死量は10グラムといわれている。毎年、春になると、スイセンをニラとまちがえて食べて食中毒になったというニュースを耳にする。スイセンを食べると、食後30分ほどで激しい嘔吐や下痢に見舞われる。重篤な場合だと、食中毒ですまず、死亡するケースもある。散歩中の犬がスイセンを食べて中毒を起こすこともある。

スイセンは一見するとニラと似ている。見分け方は、スイセンにはニラ独特のにおいがないこと、また、スイセンには鱗茎があるが、ニラにはないことなどをチェックすることである。

＊**鱗茎**　たまねぎのように、厚い鱗片が重なって球形になったもの。地下茎の周りの葉が肉厚になったもので、ユリやヒガンバナにもある。

3-7 矢毒クラーレから筋弛緩剤へ

コロンブスによるアメリカ大陸到達以降、多くのヨーロッパの探検隊一行が新大陸に向かった。しかし、南アメリカのアマゾン川やオノリコ川流域の探検には多くの困難がともなった。なかでも恐れられたのが、先住民の毒矢による攻撃であった。この矢に塗られていた毒が「クラーレ」である。

クラーレとは、現地語で「鳥を殺す」という意味であり、先住民たちの間で、長年、狩猟のために使われてきた矢毒である。この毒を塗った矢があたると、獲物は、筋肉が弛緩して動かなくなり、やがて呼吸ができなくなって死んでしまう。激しい苦痛を与えることなく、静かに死んでしまうことから「サイレント・キラー」とも呼ばれる。

クラーレのもととなっているのは、ツヅラフジ科、フジウツギ科などの蔓性植物の樹皮である。ただし、その製法は部族によって秘伝があるといわれている。クラーレの毒成分が、ツボクラリンと呼ばれる物質であるということが明らかになったのは20世紀の半ばになってからのことである。

ツボクラリンは神経伝達物質のアセチルコリンの分子が2つ結合したような形の大

きな分子である。アセチルコリンと似た構造を持つため、アセチルコリンに代わって骨格筋の受容体に結合してしまう。このためアセチルコリンの作用が阻害され、筋肉への信号の伝達が中断され、骨格筋が麻痺してしまう。クラーレは胃液によって分解されるため消化管からはほとんど吸収されない。このためクラーレでしとめた獲物を

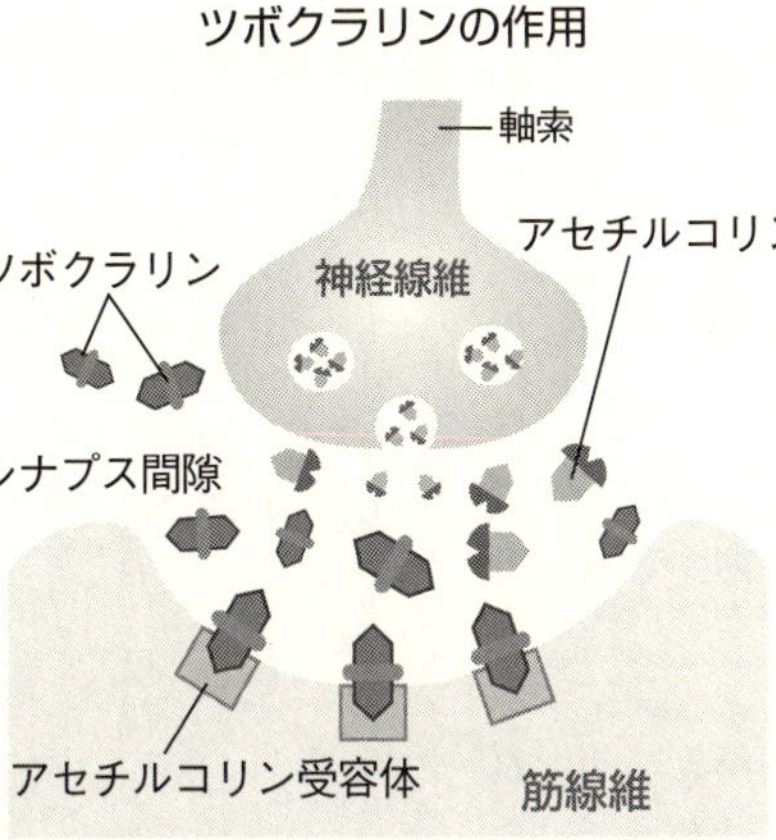

食べても毒が回ることはない。また、分子が大きいことから血液・脳関門でせきとめられてしまうため、脳内に侵入することもない。

こうしたクラーレの作用を医学的に利用できないだろうかと考えたのが、カナダのグリフィスとジョンソンである。彼らは、クラーレが筋肉を弛緩させる作用に注目し、手術時に筋肉のけいれんを取り除くための筋弛緩剤として応用した。適量のクラーレを投与すると、患者のおなかは弛緩するので、開腹手術が行いやすくなったのである。現在では、天然のクラーレは手に入りにくく高価なため、

人工的に合成された筋弛緩剤が用いられているが、先住民の矢毒であるクラーレなくして、近代医学の発展はありえなかったのである。

クラーレ以外にも、世界には幅広く矢毒の文化が存在する。インドネシアのスマトラ島やジャワ島やスラウェシ島ではイポー（またはウパス）と呼ばれるクワ科の常緑樹の樹液が矢毒として用いられた。この樹液にはアンチアリンという配糖体が含まれており、これが心筋に障害を与える。

また東アフリカでは、キョウチクトウ科のストロファンツス属の植物の種子や樹皮や根が矢毒の原料に使われた。これにはウアバインと呼ばれる強心配糖体が含まれ、今日では強心剤として医療へと応用されている。また、コンゴの熱帯雨林に暮らすムブティ・ピグミーやエフェ・ピグミーはキョウチクトウ科のつる植物の樹皮やマメ科のエリスロフレウムの樹液などを混ぜて狩猟用の矢毒をつくる。

3―8　タバコとニコチン

世間ではタバコへの風当たりは強くなる一方だが、もともとタバコはアメリカ先住民にとって一種の霊薬であった。タバコの葉をくゆらせることで、彼らは神に近づくことができると信じていた。タバコは15世紀、コロンブスによってヨーロッパにもたらされたが、そのときもタバコは喘息や頭痛、痛風などに効く薬用植物として紹介されたのだった。

しかし、その後、タバコは嗜好品化していき、17世紀のイギリスでは、タバコが健康に良いというのは錯覚にすぎず、むしろ脳に有害で、肺に危険で、吸い過ぎれば死に至ると主張されるまでになった。クラーレのように毒として使われていたものが、医学に利用されるのとは反対に、現地で薬として使われていたタバコが、西洋では毒としてとらえられるようになったのである。

タバコはナス科の植物に属し、主成分であるニコチンはアルカロイドの一種である。淡黄色の液状の化合物であるニコチンには、中枢・末梢神経を興奮させる作用があり、ぼおっとしているときは精神を覚醒させ、いらいらしているときには鎮静させるという効果がある。しかも、習慣性になりやすいので、なかなかやめられない。しかし、その毒性は強く、クロード・ベルナールの実験によると、ネコの腿に傷をつけ、2滴のニコチンを垂らしたところ、ネコはけいれんを起こして死んでしまったという。

ニコチン中毒になると、呼吸が荒くなり、血圧が上昇し、めまいや脱力、視聴覚障害や精神錯乱を起こす。中毒が進むと、血圧が下がり、呼吸困難や失神、けいれんなどを起こす。ニコチンが生体におよぼす作用は複雑だが、主な働きとしてニコチンが体内に入るとシナプスに作用して、アセチルコリンの働きを阻害することが挙げられる。このため筋肉が弛緩し、横隔膜と呼吸筋の麻痺を起こして呼吸障害をもたらしたり、自律神経や中枢神経にも複雑な作用を及ぼす。

成人男性の場合、ニコチンの致死量は20〜30ミリグラムといわれ、これは紙巻きタバコ20本分に相当する。ヘビースモーカーならば20本は決して多くない本数かもしれないが、もし同じ量のタバコを食べてしまった場合には死んでしまっても不思議はない。幼い子どもがタバコを誤って食べてしまうという事件がときどき起こるが、乳幼児の場合、2本も食べたら死んでしまう。

タバコの葉を粉末にして蒸留し、硫酸によって濃縮した硫酸ニコチンは、植物には害がないが、動物に対しては強い毒性を発揮する。

ニコチンの作用

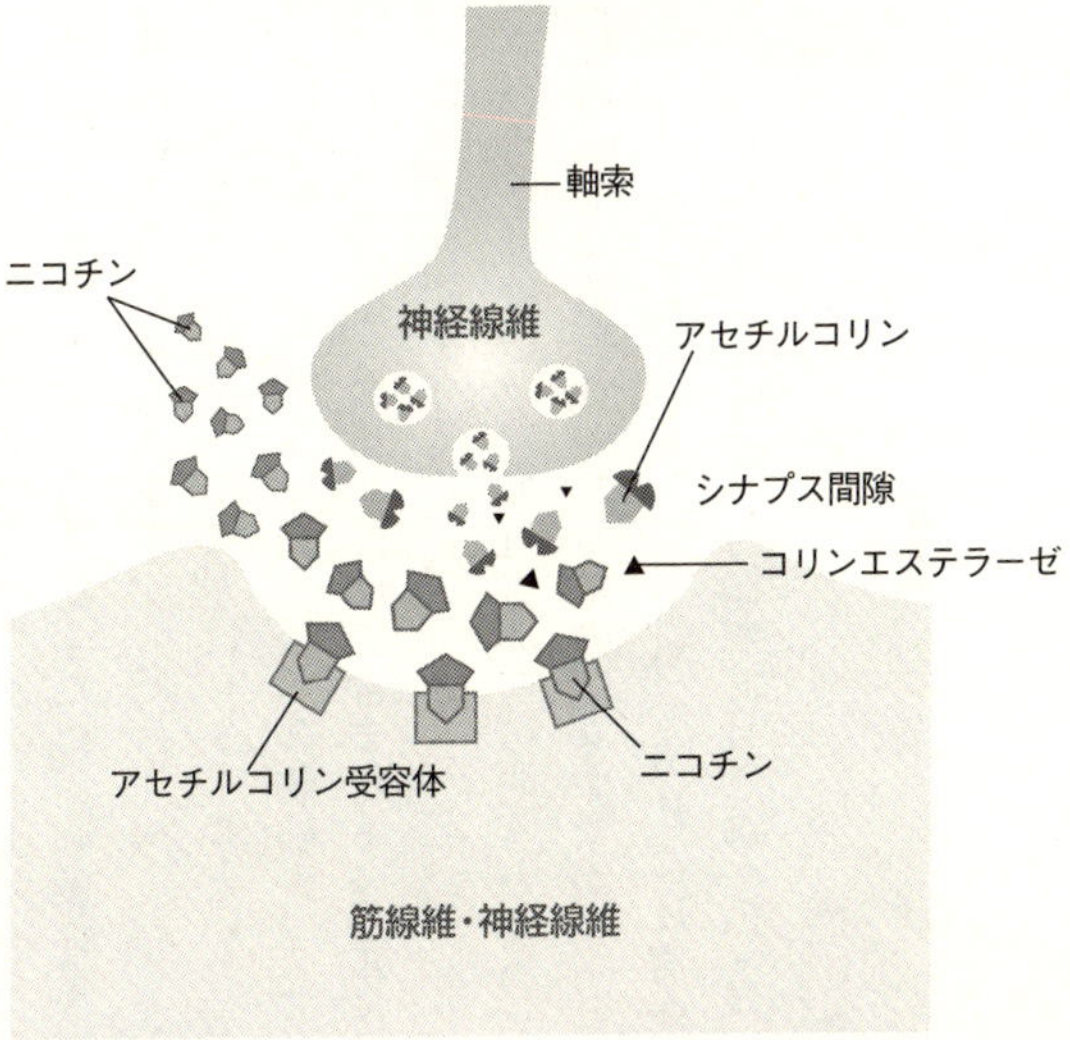

タバコに含まれるニコチンは、アルカロイドの一種で、神経への興奮と鎮静作用をもつ。これはニコチンが、神経線維末端のシナプスにおいて、神経伝達物質アセチルコリンの受容体に結合するためである。ニコチンはアセチルコリン受容体に結合して、自律神経を興奮させ、その後は結合したまま、信号伝達を遮断したままにして、鎮静作用を示す。

このためニコチンは農業用の殺虫剤としても利用されてきた。また、タバコ畑に雨が降ると、葉の露からニコチンがしみだすため、収穫作業の際にニコチンが皮膚から吸収されてしまうという危険性もある。

ちなみに、タバコにはニコチンのほかにもタールという有害成分が含まれている。こちらは発ガン物質のベンゾピレンなど多くの物質からなり、煙と一緒に喉や気管の粘膜から吸収される。また、タバコの煙に含まれる一酸化炭素は血液中の酸素不足を引き起こし、循環器に負担を与える。

このようにタバコが健康にとって有害なのは明らかなのだが、先ほども述べたようにニコチンには麻薬的な依存性があるため、なかなかやめられない。そのため最近では、ニコチンパッチのように、タバコ以外の方法で皮膚からニコチンを吸収させ、徐々にその量を減らしていくという方法が注目されている。

3–9　リシンとマルコフ暗殺事件

1978年9月7日の夕刻、ロンドンにあるBBCの放送局に向かっていたブルガリア人作家ゲオルギー・マルコフは、国立劇場のそばを歩いていたとき、右の太ももにちくりと鋭い痛みを覚えた。思わず、ふりむくと、見知らぬ男がつきだしたコウモリ傘の先端が、彼の足に触れたらしかった。痛みはすぐに消え、マルコフはそのまま放送局に着き、仕事を終えた。痛みのことなど、すでに忘れかけていた。

ところが、翌日の明け方、激しい発熱のため彼は、起きあがれなくなった。症状は急激に悪化し、病院に運び込まれたときには、すでに白血球が異常に増加して、敗血症に陥っていた。そして手の施しようのないまま、4日後にマルコフは息を引き取った。

死因には不審な点が多く、遺体を調べた結果、マルコフの大腿部から直径1・5ミリメートルの金属の球が発見された。驚くべきことに、この金属球には小穴が空いており、その内部からは毒物が検出されたのだった。分析によると、それはトウダイグサ科の植物であるトウゴマの種子からとれる猛毒タンパク質「リシン」であったのだ。

トウゴマ

トウゴマの実

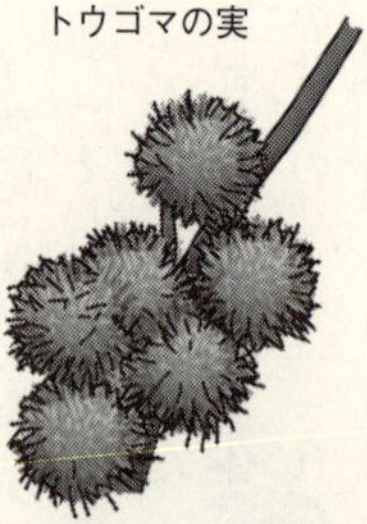

トウゴマの種子

トウダイグサ科のトウゴマは、熱帯地方に自生し、種子がとれる。この種子を圧搾してとれるのが、いわゆるヒマシ油で、下剤として知られている。油を絞ったその絞りかすに、猛毒リシンが含まれている。リシンは糖タンパクで、細胞内でタンパク質合成を担うリボソームに作用し、タンパク質合成を阻害する。細胞毒性があり、けいれん、嘔吐などを引き起こす。

マルコフは、ブルガリア共産党幹部の腐敗ぶりを糾弾したことから、国を追われた人物だった。しかし、亡命先のイギリスでもなお、ラジオ放送などを通じて故国の党幹部への批判をしていた。マルコフの死は、その活動を苦々しく思った党幹部が放った刺客によるものと噂された。

リシンはトウゴマからヒマシ油を製造するときの絞りかすに含まれている。猛毒であり、その人体における推定の最低致死量は体重1キログラム当たり0・03ミリグラムとされている。ただし、ボツリヌス菌のように毒素が神経に作用するのではなく、*リボソームRNAの塩基の一部を切断して、タンパク質の合成を阻害することによって、生体の細胞死を起こす。このようなメカニズムで作用する毒には、ほかに腸管出血性大腸菌（O157）が生み出すベロ毒素がある。

リシンは即効性のある神経毒とは異なり、服用してから毒作用が発現するのに時間がかかる。量や投与方法にもよるが、呼吸困難、発熱、せき、吐き気、身体硬直などが起き、**チアノーゼ、血圧降下を経て死に至るには36時間から72時間ほどかかるとされている。非常に安定した物質であり、入手が容易であり、エアロゾルとしても散布可能なので、化学兵器として用いられる恐れがある。

2003年秋にはホワイトハウス宛の手紙からパウダー状の物質が検出され、調査の結果、リシンであることが判明したという事件が起きている。

2013年4月には、やはりアメリカでバラク・オバマ大統領とロジャー・ウィッカー上院議員宛の手紙の中にリシンが混入されていたのが発見された。その翌月には、ニューヨーク市長マイケル・ブルームバーグ氏と、銃規制強化推進団体に宛てた封書にもリシンが封入されているのが見つかった。幸い、郵便物は事前にチェックされていたため被害はなく、容疑者もすでに逮捕されている。

＊リボソームRNA　細胞内のタンパク質合成の場であるリボソームに含まれるRNA。
＊＊チアノーゼ　血液中の酸素不足により起こる。毛細血管内の赤血球が酸素を失い、皮膚や粘膜が暗紫赤色になることをいう。

3―10　身近な野菜に含まれる毒――ジャガイモ、ワラビ、フキノトウ、青梅

われわれが普段食べている野菜の中にも、適切な調理をしないと毒になるものがある。

例えば、ジャガイモを調理するときには芽をとるようにといわれる。これはジャガイモの芽や皮にはソラニンというアルカロイドが含まれているためである。ソラニンを大量にとると、嘔吐や下痢を起こし、重症になると呼吸困難を起こすこともある。

種類にもよるが、ジャガイモには重さあたり約0・02パーセントのソラニンが含まれているとされ、その致死量は体重1キログラム当たり200ミリグラムとされている。つまり、体重50キログラムの人であれば、10キログラムほどジャガイモを食べない限り死ぬことはない計算になる。とはいえ、1969年にはロンドンの小学校で給食に出た古くなったジャガイモを食べた生徒のうち78人が倒れ、17人が入院し、3人が重症になったという事件も起こっている。また、朝鮮戦争時の北朝鮮で、やはり古くなったジャガイモを食べた住民が大量に死亡するという事件も起きている。

ジャガイモのほかにも、調理法を誤ると毒になるものとしてワラビがある。ワラビ

にはプタキロサイドというアルカロイドが含まれている。これに熱を加えたり弱アルカリ性化するとジエノンという物質がつくられ、これがＤＮＡの中のグアニン*と結合すると突然変異を起こしてガン細胞ができることが明らかにされている。ワラビが自生している牧場の牛には膀胱に腫瘍ができやすいという報告もある。

では、ワラビを食べてはならないのかというと、そんなことはない。伝統的にワラビを調理する際には、十分にあく抜きをするようにといわれている。あく抜きをすると、ジエノンが水と反応してプテロシンという物質に変化し、グアニンと結合しなくなり、発ガン性も消失するのである。伝統的な調理法の多くには、このような科学的根拠がある場合が多い。

また、フキノトウには肝臓障害を引き起こすピロリチジン系アルカロイドが含まれているが、こちらも水溶性なので、ワラビと同じくきちんとあく抜きをすれば大部分の毒成分は取り除かれる。

ピロリチジン系アルカロイドを含む植物としては、一時期、青汁の原料として使われるなど健康野菜として宣伝されていたコンフリーがある。現在では、その毒性が確かめられたことから食品としての販売が禁止され、家畜用の飼料としてもあまり使わないほうがいいとされるようになった。

青ウメに含まれる青酸の作用

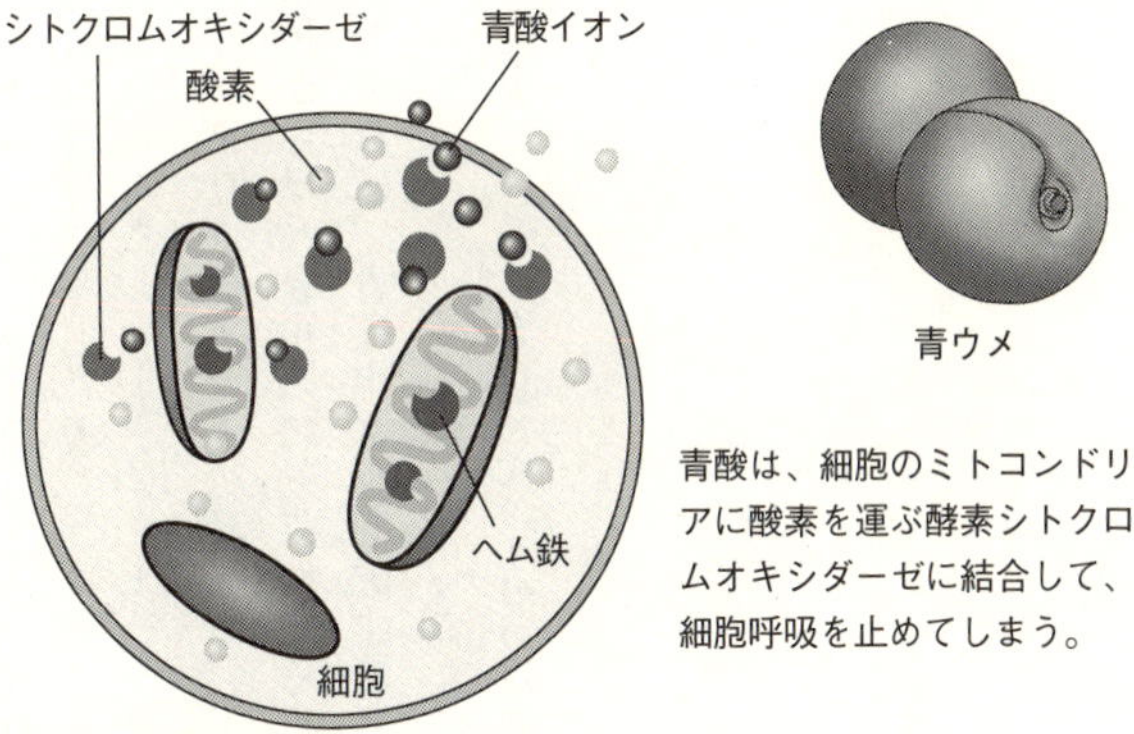

青酸は、細胞のミトコンドリアに酸素を運ぶ酵素シトクロムオキシダーゼに結合して、細胞呼吸を止めてしまう。

青梅の実を生のまま食べてはいけないというのも、昔からいわれていることである。これは梅の実に含まれているアミグダリンという青酸配糖体と、エムルシンという酵素が関係している。青酸配糖体とは酵素分解によってシアン化ガス（青酸ガス）を放出する物質である。最近ではアミグダリンに抗ガン作用があるという説も唱えられているが科学的な根拠は薄く、むしろアミグダリンを含んだ健康食品の大量摂取により、健康被害が多く報告されている。

青酸は細胞中のミトコンドリアのヘム鉄に酸素を運ぶ酵素と結合して、細胞の呼吸を阻害する。重症の場合は、けいれんを起こして、呼吸が停止して死に至る場合もある。ただし、青梅の致死量は子どもで100個ともいわれているので、誤って何個か口にしたくらいでは死ぬことはないはずである。また、完熟した梅や、加熱したり、アルコールを加えたり（梅酒）、干したもの（梅干し）などでは、アミグダリンは分解されてしまうので毒性も失われる。

アミグダリンはアンズの種（杏仁）や桃の種（桃仁）、びわの種にも含まれている。杏の種からはせき止めに効果がある杏仁水が作られるが、こちらも大量に飲み過ぎたりしなければ、青酸中毒を心配するほどのことはない。

＊グアニン　遺伝子ＤＮＡの４つの塩基、アデニン、グアニン、チミン、シトシンのうちの１つ。

3-11　身近な野菜に含まれる毒2——ナス、ピーマン、キャベツ

「秋ナスは嫁に食わすな」という諺には二通りの解釈がある。一つは、秋ナスは大変おいしいので、嫁に食わすのはもったいないという、いわゆる嫁いびり的な解釈。もう一つは、秋ナスを食べると体が冷えるので、嫁の体にさわる、特に妊娠しているときには、冷えがもとで流産しかねないから、という嫁の身を思いやった解釈である。さて、どちらが正しいのか。

ナス科の植物にはアルカロイドを含んだ有毒植物が多いことはすでに述べた。また、ナスは、完熟を待たず、未熟果のうちに収穫するのが普通である。ピーマンもそうだが、未熟果にはアルカロイドをはじめ天然の毒性分が、完熟果よりも多く含まれている。つまり、毒性が強いのである。

この諺が作られた時代は不明だが、少なくとも今日のようなナスの品種改良が進められる以前であったことはまちがいないだろう。だとすれば、当時のナスは、現在のものに比べて、えぐみなども強かったはずであり、したがって天然毒成分も今日のナスより多かっただろう。そう考えると、「秋ナスは嫁に食わすな」とは、このような

毒成分のあるナスを、体の冷えやすい秋に食べさせるのは嫁にとって良くないと解釈するのが自然な気もするがどうだろう。

子どもの嫌いな野菜のランキングをつければ、かならずピーマンは上位に入るだろう。最近のピーマンは品種改良のおかげで、以前に比べればずいぶん甘みが増したとはいえ、あの苦みが苦手という子どもは少なくない。

実はピーマンを嫌うのは人間の子どもだけではない。哺乳動物でピーマンを食べるのは人間くらいであって、ウシやウマ、ヤギやヒツジもピーマンは食べたがらないという。

ピーマンの苦みはアルカロイド成分である。ナス科の植物にはアルカロイドを多く含んだ有毒なものが多いことはすでに述べたが、ピーマンもこのナス科に属している。アルカロイド含有量は緑色のピーマンが一番多く、赤ピーマンや黄色ピーマンは少ない。ちなみに、緑色のピーマンは未熟果であり、完熟すると赤や黄色、オレンジ色になる。

いずれにしてもアルカロイド含有量はごく微量なので、通常食べる分には心配することはない。また、ピーマンのアルカロイドは油に溶ける性質があるため、油炒めをすれば苦みはかなり和らぐ。

もともと「苦み」という味覚は、動物にとって毒かどうかを判断する指標であった。動物は本能的に「苦み＝毒」と見なして、苦みのある葉を食べるのを避けてきた。子どもの味覚にも、毒物を本能的に避ける鋭敏さが備わっているのだ（「良薬、口に苦し」というのも、薬＝毒なのだから当然といえば当然なのである）。

ところが大人になるにしたがって、味覚がだんだん鈍感になり、苦みを感じなくなってしまうのである。近年のゲノムレベルの研究によると、ほかの霊長類に比べて、ヒトの苦みを感じる遺伝子には顕著な退化がみられるという。脳の発達によって、味覚で毒を判別する必要性がなくなってきていることの表れかもしれない。

絹糸の原料となる生糸を吐くカイコ。そのカイコの餌といえば、伝統的にクワの葉である。ところが、カイコ以外にクワの葉を好んで食べる昆虫はいない。というのも、クワの葉脈に含まれる乳液状の液体には糖類似アルカロイド成分や高分子の対虫因子が大量に含まれており、カイコ以外の多くの昆虫に対して強い毒性や、成長阻害活性を示すからである。クワの葉を常食としない幼虫に、クワの葉を食べさせると、死んでしまうこともあるという。

ところが、カイコは進化の過程で、クワが長年かけて作り上げた虫に対する防御機構を克服し、この毒に対する耐性を身につけた。こうしてほかの虫が食べようとしない豊富なクワの葉を餌として独占することができたのである。

これと同様な組み合わせの例に、キャベツとモンシロチョウの幼虫がある。キャベツの葉には、シニグリンという配糖体が含まれており、これが酵素によって分解されるとアリルイソチオシアネート（アリルカラシ油）という辛味成分になる。これはキャベツと同じアブラナ科に属するワサビやダイコン、クレソンにも含まれており、昆虫を遠ざけたり、抗カビ・抗菌作用を持っている。このため、キャベツを好んで食べる昆虫はあまりいない。

ところが、モンシロチョウの幼虫は、進化のプロセスで、このシニグリンのあるキャベツをあえて餌にする道を選んだ。このため、餌をめぐってほかの虫と争う必要がなくなり、おかげでキャベツ畑にはいつもモンシロチョウが飛ぶという風景ができあがったのである。毒と生物の進化の関係については、第7章でくわしくふれる。

3-12 キノコ毒の世界

毎年、秋になると毒キノコによる中毒のニュースがあとを絶たない。毒のあるキノコと無毒なキノコの見分け方については昔から、さまざまな俗信がある。例えば、毒々しい色のキノコには毒があるとか、縦に裂けるキノコには毒がないとか、虫食いのあるキノコなら人間が食べても大丈夫だなどという話を聞いたことのある方もいるかもしれない。しかし、これらはいずれも科学的根拠のない俗説である。

毒キノコとそうでないキノコは、一つ一つの種類の鑑別法を地道に覚えていくことでしか見分けられないといってよいだろう。専門家であっても、ときには見まちがうこともある。キノコによる中毒は、天然の毒による中毒の7割を占め、死亡例の6割を占めるといわれるほどリスクが高い。毒キノコかどうか疑わしいと思ったら、手を出さないのが得策である。

ところで、毒キノコといっても、キノコの種類によって毒の種類も異なる。①嘔吐や下痢など胃腸に症状の現れるもの（ツキヨタケ、カキシメジ、ニガクリタケなど）、②腹痛や下痢、脱水症状、肝臓や腎機能障害を引き起こすもの（ドクツルタケ、タマゴテングタケ、シロタマゴテングタケ、コレラタケなど)、③神経系に作用して意識の喪失や異常な興奮、幻覚や精神錯乱などを引き起こすもの(アセタケ、カヤタケ、テングタケ、シビレタケ、ワライタケなど)に分けられる。

なかでも、最も問い合わせが多いのが胃腸に症状の表れるツキヨタケである。これは食用のシイタケやヒラタケに似ているため、キノコ狩りの際にまちがえて採取されてしまうケースが多い。ツキヨタケには有毒成分はイルジンS、イルジンMといった有毒成分が含まれており、これが消化管に出血性の炎症を起こし、激しい下痢や嘔吐、心筋障害や循環不全を引き起こす。

また、②に属するドクツルタケ、タマゴテングタケ、シロタマゴテングタケは極めて強い毒性を持つことから「猛毒御三家」ともいわれる。特にドクツルタケは、英語では「死の天使」(Destroying Angel)と呼ばれるほど危険なキノコとされている。これらのキノコには、アマトキシン類やファロトキシン類などペプチド系の猛毒物質が含まれている。これらは細胞内のRNAの合成を妨げ、タンパク質の合成を阻害する。うっかり食べるとコレラのような激しい下痢を起こし、数日以内に肝臓や腎臓の機能障害が起き、重症の場合、死に至ることもある。

①や②の毒キノコが細胞毒性を持っているのに対し、③のタイプの毒キノコは神経

系に作用する毒を持っている。その中にも、毒のタイプによってアセタケ、カヤタケなどのムスカリン様群、シビレタケのような幻覚性物質群、ベニテングタケのようなアトロピン様群、ドクササコのような肢端紅痛群《したんこうつうぐん》、ヒトヨタケのようなアンタビュース様群などに分類される。

ムスカリンはアセチルコリンによく似たアルカロイドで、ムスカリン性アセチルコリン受容体に結合する。副交感神経を刺激して、発汗や涙の分泌を促し、重症の場合、腹痛や呼吸困難を引き起こす。このタイプのキノコにあたった場合は、副交感神経を抑制する働きのあるアトロピンが解毒剤として処方される。

③のタイプに属するヒトヨタケは、春から秋にかけて草地や畑などに群生する灰白色のキノコである。地面に生えたかと思ったら、一夜にして、傘が黒くなって溶けてしまうことから「ヒトヨタケ」の名がついた。

実はヒトヨタケはいわゆる毒キノコではなく食用である。吸い物の具にしたり、酢の物にしたりしてもおいしい。ただし、一つヒトヨタケを食べるときに気をつけなくてはならないことがある。それは、このキノコを食べるときは、決してお酒を一緒に飲んではいけないということだ。

ヒトヨタケに含まれているコプリンという成分は、消化管の中でアミノシクロプロパノールという物質に分解される。この物質は、アルコールから生じるアセトアルデヒドを分解する酵素の働きを阻害する。このため、アセトアルデヒドが分解されずに血中に蓄積して、二日酔いのような症状を引き起こすのである。重症の場合は、昏睡状態に陥ってしまうこともある。

本人が酒に強い弱いにかかわらず、ヒトヨタケと一緒に酒を飲んだら、必ず悪酔いしてしまう。酒豪を自認する人ほど注意が必要である。同じく食用にされるホテイシ

ムスカリン様群

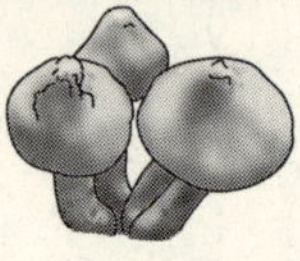

アセタケ

毒の作用

フウセンタケ科のキノコに含まれるムスカリンは、副交感神経を刺激して、嘔吐、縮瞳、流涙、大量の発汗を起こさせる。

幻覚性物質群

シビレタケ

毒の作用

シビレタケに含まれるシロシビンが幻覚などの意識障害、精神錯乱や発熱といった症状を引き起こす。ワライタケ、マジックマッシュルームと呼ばれるキノコ類もこの仲間。

神経系に作用する毒キノコ

肢端紅痛群

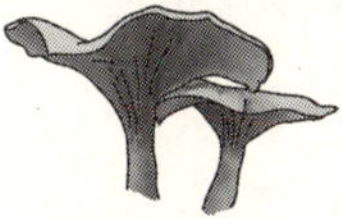

ドクササコ

毒の作用

複数のアルカロイドを含む日本特産の猛毒キノコ。激しい中毒症状が長期間続く。食後しばらくの潜伏期間を経て、手足の先端が赤く腫れ、激痛が１カ月以上続く。作用を起こす中毒成分はまだはっきりしない。

アトロピン様群

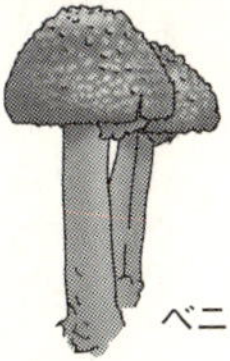

ベニテングタケ

毒の作用

キノコに含まれるイボテン酸の分解物が、神経を興奮させる作用をもち、幻覚症状が出たり、発汗やよだれ、涙が出たり、血圧低下、視力障害を伴うこともある。

アンタビュース様群

ヒトヨタケ

毒の作用

胃腸障害を起こす成分とは別に、含有成分のコプリンがアルコール代謝におけるアセトアルデヒドの分解を阻害するので、酒とともに食べると二日酔いのような中毒症状を起こす。

メジやスギタケ、ウラベニイロガワリといったキノコもコプリンを含んでいるので、くれぐれもこれらのキノコをつまみで一杯などとは考えぬことである。うっかり食べてしまったら、とにかく吐いて、胃の内容物を出すことだ。

このほかにも、これまで山奥に自生していてほとんど目にする機会のなかった猛毒キノコのカエンタケが近年、関西や北陸、さらに東北の山林でも急増して、比較的身近で見られるようになっている。

カエンタケは、先の「猛毒御三家」を上回る最強の危険なキノコだ。その名のとおり燃え上がる地獄の業火のような姿をしていて、真っ赤で、見るからに禍々《まがまが》しい。触れただけで皮膚に炎症を起こし、口にすると10分ほどで悪寒、腹痛、手足のしびれを覚え、続いて腎不全や肝不全、呼吸器不全、脳障害などの症状を起こして死に至る。人間の致死量は3グラムといわれている。その毒成分はカビ毒であるマイコトキシンの一つであるトリコテセン類であり、細胞のタンパク質合成を阻害する。外見が食用キノコのベニナギナタタケに似ているため、誤食による死亡事故も起きている。

カエンタケの存在は以前から知られていたが、身近に出現するようになったのは2000年以降だ。大量発生の理由は不明だが、発生時期や場所がカシノナガキクイムシが媒介する菌によるナラの木の集団枯死（ナラ枯れ）の被害と重なっている点が指摘されている。

3-13 ベニテングタケがみせる夢

童話やおとぎ話の挿絵に描かれるキノコといえば、たいてい真っ赤なカサに白いイボイボをつけているものだ。これはベニテングタケという、れっきとした毒キノコである。しかし、毒キノコでありながら、ベニテングタケは古代から宗教的に重要視されてきた。それはインドをはじめ、世界各地で、このキノコを食べることによって生じる幻覚が宗教と結びつけられてきたからである。現在でも、ベニテングタケは脱法ドラッグとして巷に出回り、その乱用が問題になっている。

このキノコを食べると、よだれや涙が止まらなくなるほか、血圧や視力の低下が起きる。しかし、昔からこのキノコが注目されたのは、その幻覚を喚起する作用である。ヨーロッパのラップランドやシベリアのシャーマンなども、伝統的に宗教儀式にベニテングタケを用いてきた。

しかし、たとえ幻覚作用があるとはいえ、毒キノコを食べても命に別状はないのか。ベニテングタケと同じテングタケ科に属するタマゴテングタケやドクツルタケなどには、α-アマニチンというペプチド系の猛毒が含まれているため、少量でも肝臓や腎臓に激しい障害を引き起こす。ところが、ベニテングタケのα－アマニチンの含有量はごくわずかである。このため、ベニテングタケを1、2本食べたからといって死ぬことはないとされている。それでもα－アマニチンが含まれていることには変わりないので食べないに越したことはない。

ベニテングタケの主要な毒成分はムスカリンといわれている。しかし、ムスカリンはすでに述べたように、副交感神経を刺激するアルカロイドの一種である。ベニテングタケのもたらす幻覚作用はムスカリンが原因ではなく、そのほかに含まれているイ*ボテン酸、ムシモール（イボテン酸の分解産物）などによるものとされている。

イボテン酸は、アミノ酸の一種で、神経伝達物質であるグルタミン酸とよく似た構造を持つ。イボテン酸が体内に入ると、グルタミン酸の受容体に作用して興奮状態を引き起こす。

グルタミン酸と似た構造を持つだけあって、イボテン酸には品の良いうま味がある。しかも、そのうま味はグルタミン酸の10倍以上に達する。つまり、ベニテングタケは非常に高いうま味を持ったキノコなのである。その味にひかれて、中毒覚悟でベニテングタケを口にする人たちもいるほどである。

なお、イボテン酸の水溶液をハエがなめると動けなくなってしまうことから、ハエ

イボテン酸の作用

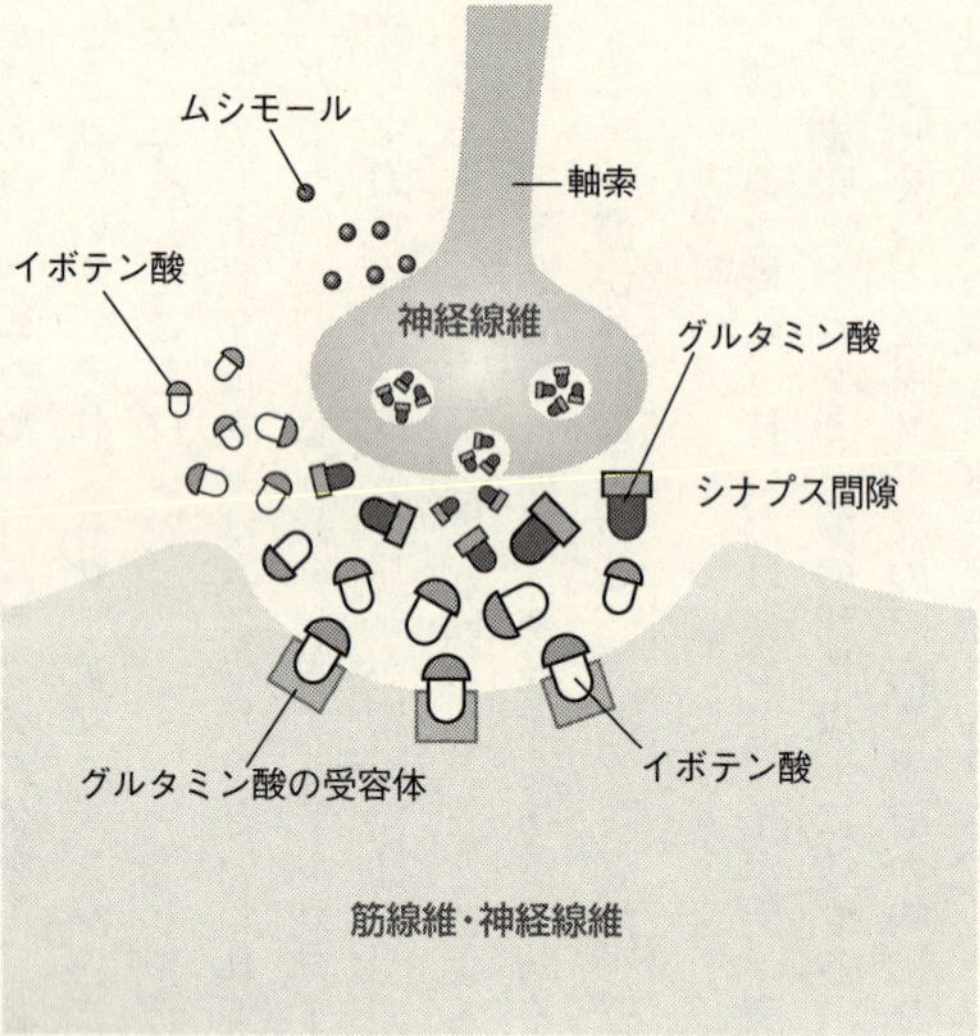

神経線維の末端、シナプスにおいて、イボテン酸は構造の類似したグルタミン酸の受容体に結合して、神経の興奮作用をもたらす信号を伝達する。
グルタミン酸は、興奮性の信号を伝える代表的な神経伝達物質である。イボテン酸は、グルタミン酸より3〜7倍の興奮作用を持つとされ、通常の作用より強い興奮をもたらす。
一方、ムシモールは神経伝達物質の放出を抑制し、鎮静作用をもたらす。

取り用の薬剤として利用されてきた歴史もある。また、アルコールに溶けやすいことから酒の酔いを深める効果がある。ロシアでは、ウォッカの酔いを深めるために、ベニテングタケを食べたといわれている。

やはりベニテングタケに含まれるムシモールという物質は、神経伝達物質の放出頻度を落として、脳の活動を鈍らせ、鎮静作用を発揮する。ベニテングタケが陶酔や幻覚、精神錯乱をもたらすのは、このムシモールが原因だとされている。

＊イボテン酸　イボテングタケからはじめて抽出されたので、この名がある。日本の薬学者、竹本常松らが1962年に発見した。

3―14 マジックマッシュルームとシロシビン

15、16世紀にメキシコ中央部に栄えたアステカ帝国では、人びとは神や精霊と交信するときに「神の肉」を意味するテオナナカトルというキノコを用いていた。キノコのもたらす幻覚の中で、人びとは神々の姿をみ、そのメッセージを聞いていたのである。

このアステカに伝わる神のキノコの存在を初めて外の世界が知るきっかけになったのは、1957年の『ライフ』誌に掲載されたレポートだった。そこに報告されたのはアメリカ人実業家ゴードン・ワッソンが、メキシコ山中の先住民の村で体験したキノコを用いたシャーマン儀礼の様子だった。

シャーマンから与えられたキノコを口にしたラッソンは、色彩ある幾何学模様や、中庭やアーケードのある宮殿、飾り立てた馬車を神話の動物が引く光景などを、次々とみたという。やがて、彼の魂は部屋から飛び出して、山々の風景を見下ろし、そこを進んでいくラクダのキャラバンまでみえたという。

その後の調査によって、この儀式で使われたテオナナカトルと呼ばれるキノコは、モエギタケ科のシビレタケ属、モエギタケ属、オキナタケ科のコガサタケ属キコガサタケ、ヒトヨタケ科のヒカゲタケ属ワライタケなどが混ざったものだということがわかった。その一種であるシビレタケの仲間のシロシーベ・メキシカーナを持ち帰り、実験室で培養を進め、このキノコの幻覚成分としてシロシビンとシロシンを分離することに成功した。

シロシビンの化学構造は神経伝達物質のセロトニンと似ている。セロトニンは喜びや快感にかかわるドーパミンや、驚きや恐れとかかわるノルアドレナリンの作用をコントロールして、精神を安定させる作用がある。シロシビンが体内に入ると、セロトニンの受容体と結びついて、セロトニンの代謝を阻害する。その結果、複雑な幻覚を生み出すとされているが、くわしいメカニズムはよくわかっていない。その幻覚は色彩を伴う場合が多いが、聴覚や味覚にまで及ぶこともある。

シロシビンは幻覚を生じさせるだけでなく、体温や血圧の上昇、瞳孔の散大、脱力感、くちびるのしびれ、呼吸や脈拍を速めたりといった作用を及ぼす。ときには精神的緊張や不安感からパニック状態（いわゆるバッドトリップ）に陥ることもある。バッドトリップによって死亡することはまずないが、幻覚によって自傷行為に及んだり、服用して何週間もたってからフラッシュバックに襲われるというケースも報告されている。

シロシビンを含むキノコの一種にワライタケがある。俗に、これを食べると笑いが止まらなくなるといわれているが、本当のところはどうなのだろう。

キノコ学者の川村清一は、その著書『食用菌及び有害菌』において大正6年に石川県で起こったワライタケの中毒の事例を記している。それによると、隣人からもらったキノコをワライタケと知らずに夕食に食べた三十代初めの夫婦は、2人とも酩酊状態になり、ときに怒り、あるいは笑い、あるいは唄ったという。妻の方は恥ずかしげもなく丸裸になり、手に三味線を弾くまねをしつつ唄ったり踊ったりして数時間にわたり大騒ぎした。しかし、医師による診断では脈拍は正常で、腹痛や嘔吐もなく、体温も平常であったという。深夜には2人とも眠りにつき、翌朝は二日酔いのような気分で目覚めたとのことである。

このように、ワライタケを食べると本当に笑うケースもあるようだが、一説では笑いを止めたくても止められなくなるので、実は苦しいのだともいわれている。

シロシビンやシロシンを含むキノコ（ワライタケ、ヒカゲシビレタケ、アイゾメシバフタケなど）類はマジックマッシュルームと総称され、以前は規制の対象ではなかったが、近年未成年者による乱用が社会問題化して、現在は麻薬原料植物に指定され、無許可での採集・栽培が禁じられている。

第4章
鉱物毒・人工毒の秘密

4-1　鉱物毒・人工毒とは

　毒を二分すると、動植物のような生物に由来する生物毒と、鉱物毒や化学合成された人工的な毒のように無生物に由来する毒がある。植物毒や動物毒がその利用の仕方によっては医薬になるものが多いのに対して、鉱物毒や人工毒は医薬への転化がしにくいものが多い。これは生体に作用させることを前提として生物自身が生み出した毒と、物質の属性として備わっている鉱物や化学物質の毒という性質のちがいが関係しているのかもしれない。

　毒性の強さという点でみれば、無生物毒よりも生物毒の方が圧倒的に強い。青酸カリが猛毒といっても、その半数致死量をフグ毒と比べれば、その強さはフグ毒の１０００分の１でしかない。ボツリヌス毒素と比べると、青酸カリの毒性は数百万分の１ともいわれる。いかに生物が作り出す毒性が強いかがわかる。

　こうした生物毒が生物兵器として戦争やテロに利用されるケースもあるが、生物兵器は感染のコントロールがむずかしいことなどもあって、人工毒から開発した化学兵器（毒ガス）のほうが実戦では多く使われている。第一次世界大戦中にドイツが毒ガスの開発を始めてから、第二次世界大戦が終わるまでに製造された毒ガスの総量は20万トン以上といわれている。その後も、イラン・イラク戦争末期の1988年にクルド人の村で毒ガスが使われた。1995年には東京の地下鉄車内で猛毒のサリンが散布されるという地下鉄サリン事件が起きた。比較的安価で、しかも簡単に製造できる化学兵器は国家規模では使用が禁止されていても、先鋭化するテロリストらによって使用される危険性をはらんでいる。

さらに人工毒の中には農薬や除草剤の製造過程で生まれたダイオキシン、DES、PCBなどの内分泌撹乱化学物質（いわゆる環境ホルモン）なども含まれる。これらは化学兵器とちがって、毒として作られたものではないが、意図せずして環境を破壊し、生物に影響を及ぼすことになった深刻な毒である。

4-2 亜砒酸

砒素の酸化物の一つである亜砒酸は無味無臭で、青酸とともに毒薬の双璧をなし、昔から暗殺や犯罪に頻繁に用いられてきた毒物である。1998年に和歌山で起きた毒入りカレー事件に使われたのも亜砒酸である。*

亜砒酸を大量に摂取すると、腹痛を伴うコレラのような下痢や嘔吐を引き起こし、重症の場合、激しい脱水症状やショックを起こし、チアノーゼやけいれんの末、死亡する。また、少量ずつ亜砒酸を摂取した場合は、症状の表れ方はやや異なり、多発性の神経炎や末梢神経障害などを起こし、徐々に全身が衰弱して死に至る。無味無臭のため、食べ物に混入しても暗殺する相手に気づかれないことから、古代から犯罪に利用されやすかった。

亜砒酸が人を死に至らしめるのは、人間の体内のさまざまな酵素と結合し、その活動を阻害してしまうためである。特に重大なのは、細胞のエネルギー供給源となっているATP**(アデノシン三リン酸)の生成を阻害することである。ATPは栄養分と酸素の化学反応から生み出されるが、その反応を促すのがスクシニル脱水素酵素と呼ばれる酵素である。この酵素は、ＡＴＰを合成するシステムであるクエン酸回路でα－ケトグルタル酸をスクシニルＣｏＡという物質へ変換する。亜砒酸はこの酵素がもつスルフヒドリル基***（ＳＨ基）と結合してしまう。その結果ＡＴＰのエネルギー生成ができなくなる。こうして細胞へのエネルギー供給が絶たれて、全身が衰弱していくのである。

　ヨーロッパで亜砒酸が頻繁に用いられるようになったのは、17世紀から18世紀にかけてである。当時、貴婦人向けに売り出された「トファーナ水」という化粧水があり、その成分の中に亜砒酸が含まれていた。亜砒酸にはメラニン色素の生成を抑え、肌を白くする作用があるからである。ところが、この化粧水のもう一つの使用法は毒殺であった。貴婦人は、ワインやお茶にこのトファーナ水を数滴こっそり垂らし、じゃまになった夫に勧めるというわけである。当時の毒殺魔として、最も有名なのはフランスのブランヴィリエ侯爵夫人かもしれない。毒殺の魅力にとりつかれた彼女は、実の父親や兄弟から慈善病院の患者まで１００人以上を亜砒酸によって毒殺したと伝えられている。

　しかし、19世紀になると体内に入った砒素の存在を簡単に確かめるためのマーシュテストという方法が開発された。このため亜砒酸を用いて毒殺をしても、すぐに足が

BAL（亜砒酸の治療薬）

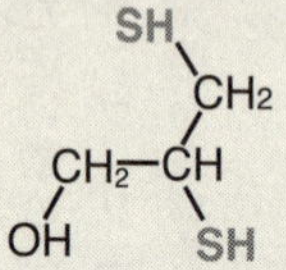

BALの特徴は２つのＳＨ基（スルフヒドリル基）を持つことである。このＳＨ基が亜砒酸の金属イオンをつかまえる。

ついてしまうようになった。以来、この毒を殺人に用いるやつは愚か者だということから亜砒酸は「愚者の毒」と呼ばれるようになった。

亜砒酸は殺鼠剤や顔料や除草剤にも使用されたが、その強い毒性のため使用を規制している国が多い。日本で砒素による事件として知られるのは、１９５５年に起きた森永砒素ミルク事件である。これは、粉ミルクの添加物である第二リン酸ナトリウムに砒素が混入していたため、多数の乳児が砒素中毒になり、命を落とした。

亜砒酸の解毒剤として、バル（ＢＡＬ）と呼ばれるものがある。これは第二次世界大戦末期、びらん性の毒ガスの解毒用に作られたもので、スルフヒドリル基を持ち、亜砒酸が酵素のスルフヒドリル基と結合する前に、先に亜砒酸と結合することによって、亜砒酸の毒性の発現を止めてしまうのである。さらに、酵素に結合してしまった亜砒酸にくっついて、これを引きはがしてしまうのである。

砒素は、もともと自然界の土壌中に含まれている元素である。マグマから放出されたガスに含まれていた砒素が、冷えて固まって地殻に含まれるようになったと考えられ、硫砒化鉱物として産出されることが多い。

砒素は水に溶け出す。温泉水など火山地帯の地下水の砒素濃度が高いことがある。近年、インド、バングラデシュ、タイ、ベトナムなどのアジア諸国において、井戸水の砒素汚染が大きな問題になっている。

その原因はスズ鉱山の選鉱に使われた硫酸の垂れ流し（タイ）であったり、砒素を高濃度で含んだ石炭を長期にわたって使ってきたこと（中国）などもあるが、最も深刻なのは、人口増加のために大量の灌漑《かんがい》用水が必要となり、そのために地下水を汲み上げ続けた結果、水脈の岩盤が崩れ、地中の砒素が溶出してきたというものである。これらの地域では、地下水から感染した砒素中毒の患者が増えているが、汚染規模が広すぎ、対策も遅れているため、状況は深刻である。

＊亜砒酸　三酸化二ヒ素 As_2O_3 を水に溶かして得られる酸（H_3AsO_3）。

＊＊ATP（アデノシン三リン酸）　生体内におけるエネルギー物質の役割を果たす。リン酸の

結合によって化学エネルギーをため込み、エネルギーを運搬する。そしてリン酸を分離することでエネルギーを放出する。

****スルフヒドリル基**　アミノ酸などの生体内分子は、結合しやすいように、アミノ基やカルボキシル基などの官能基をもつ。イオウをもつスルフヒドリル基（SH基）もその1つで、酸化還元されやすい性質を与える。

4－3　青酸カリ

亜砒酸とともに毒の東の横綱ともいえるのが青酸カリ*である。青酸カリは炭素原子と窒素原子が結びついた青酸化合物（シアン化物）の一つであり、本来は、金、銀、鉛などのメッキなどに用いられる物質である。

ただし、ごくわずかな量（体重60キログラムの人で、0・2グラム程度）で、短時間に人を死に至らしめられる強力な毒物でもある。近代になって工業用に大量生産されるようになってからは、毒殺や自殺の手段として有名になってしまった。

戦後まもない1948年には、都の職員をよそおった男が、帝国銀行の支店に現れ、赤痢の予防薬と称するものを行員に飲ませて12人を殺すという事件があった。帝銀事件と呼ばれるこの犯罪に用いられたのも青酸カリだった。また、1998年には、自殺系ホームページ「ドクターキリコの診察室」で自殺志願者たちに青酸カリを送るという事件があった。

テレビの犯罪ドラマなどでは、青酸カリを飲んだ人間が、あっという間に意識を失って、けいれんを起こして息絶える場面がよく描かれる。あとから、捜査にやってき

青酸カリの作用

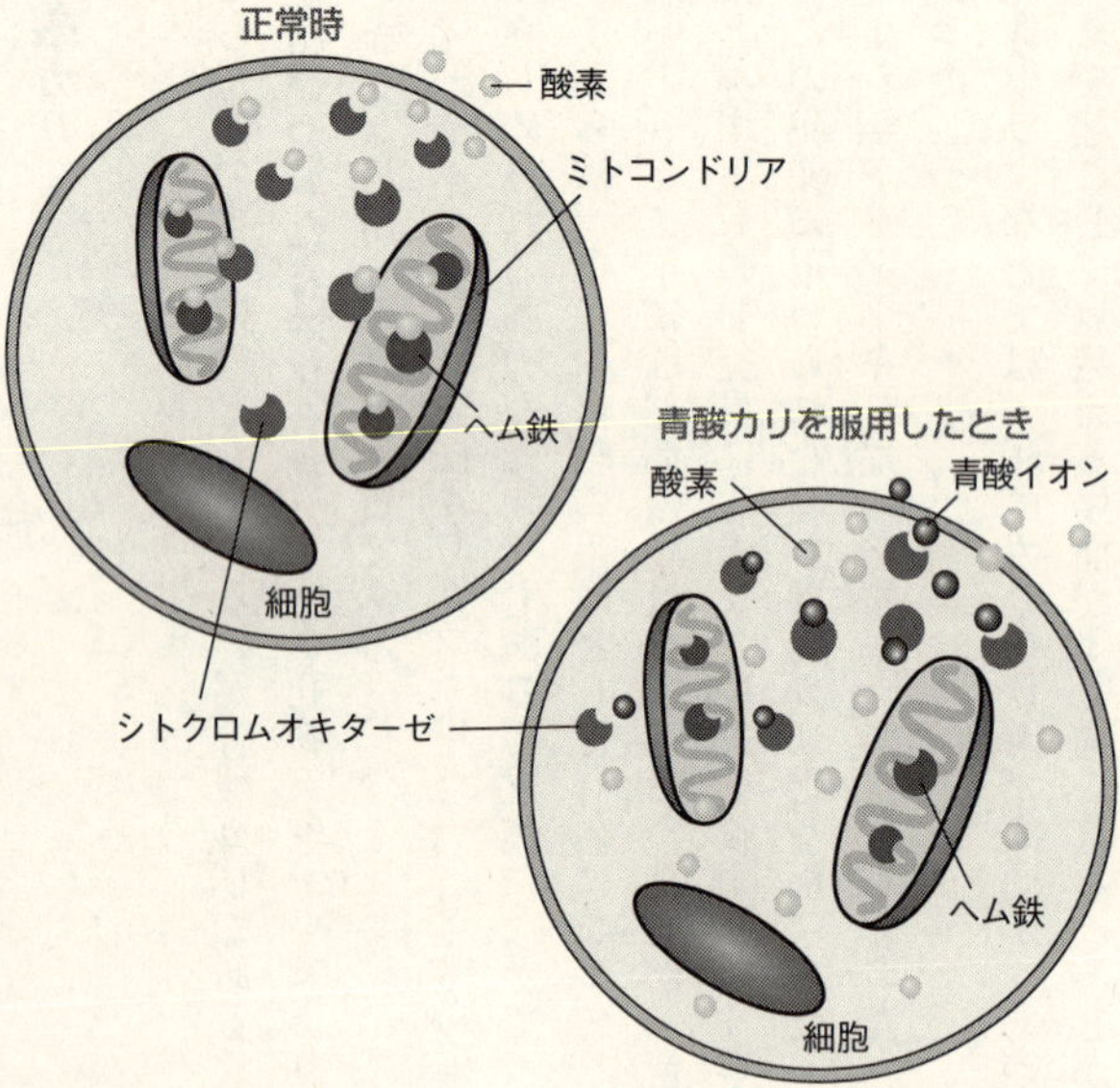

正常時、シトクロムオキシダーゼは酸素と結合してミトコンドリア内に酸素を運んでいる。酸素はミトコンドリア内でヘム鉄に結合する。

上図のようにシトクロムオキシダーゼに青酸イオンが結合してしまい、酸素をミトコンドリアの中に運べなくなり、細胞は酸欠状態になってしまう。

た刑事が被害者の口もとからアーモンド臭がしているのに気づいて「青酸カリか……」とつぶやくのは、かつて刑事物の定番だった。これは胃で発生した青酸ガスがアーモンドに似た甘酸っぱいにおいであるせいである。

青酸カリは、どうしてそれほど瞬時にして命を奪うのか。まず、青酸カリが経口で胃に入ると、胃酸によって分解されて青酸ガス＊＊（シアン化水素）を発生する。このガスはすぐに胃の粘膜から吸収されて、静脈を伝わって全身に回る。このときイオン化した青酸は、シトクロムオキシダーゼという酵素に含まれる鉄イオンと結びつく。シトクロムオキシダーゼは細胞が酸素を吸収するときに必要とする酵素だが、これが鉄イオンを介して青酸イオンと結合してしまうと、細胞に酸素が運べなくなる。こうして細胞呼吸ができなくなって、死に至るのである。

したがって、青酸を解毒するには、青酸がシトクロムオキシダーゼと結びつく前に、青酸と反応しやすい物質を体内に入れてやればいい。「解毒剤とは何か」の項でも述べたが、その解毒剤として用いられているのが青酸と結びつきやすい亜硝酸ナトリウムやチオ硫酸ナトリウムであるが、いずれにしても青酸中毒後、なるべく早急に使用しなくてはならない。

ところが、致死量に達する青酸カリを盛られても死ななかった人物がいる。帝政末期のロシアで活躍した怪僧ラスプーチンである。強大な権力を妬まれたラスプーチンは反対派から命をねらわれ、食事のときに青酸カリを盛られた。しかし、ラスプーチンは平然としていたと伝えられる。

ラスプーチンが青酸カリを盛られても平気だったのは、彼が胃酸が少ない体質で青酸ガスが発生しなかったからという説や、それまで食べていた食事の成分が毒性を消したという説などがある。実際、シアン化物とグルコース(ブドウ糖)をいっしょに摂ると、毒性が低減するという実験結果もある。また、たんに使われた青酸カリが粗悪品だったからともいわれる。いずれにしても、ラスプーチンは死なず、あわてた暗殺者たちは彼を銃で何発も撃ってようやく息の根を止めたといわれる。

＊**青酸カリ**　シアン化カリウム(ＫＣＮ)のこと。酸と反応しシアン化水素を発生する。

＊＊**シアン化水素**　シアン化水素(ＨＣＮ)は、水に溶け、無色の液体となる。その水溶液をシアン化水素酸または青酸という。ＨＣＮは強い毒性を持つ。

4-4　タリウム、あるいは新緑の小枝

2005年、静岡の女子高校生が、自分の母親にタリウム*を与えて、毒殺しようとした事件が起こった。タリウムは、青酸や亜砒酸に比べるとほとんど知られておらず、毒殺に用いられるケースも多くない。この事件を通して、タリウムという毒物の存在を初めて知った人も少なくないだろう。

タリウムは1861年に、イギリスの物理・化学者ウイリアム・クルックス卿によって発見された。炎色反応で緑色を表すことから、「新緑の小枝」を意味するギリシア語のタッロスにちなんでタリウムと名付けられた。しかし、その美しい名前とは裏腹に、タリウムは現在知られている重金属類の中でも、最も強い毒性がある元素として知られている。

タリウムの化合物である硫酸タリウムや硝酸タリウムはかつてはネズミを殺すための薬剤としても用いられていた。また、酢酸タリウムには毛髪を生成するタンパク質であるケラチンの生成を阻害する作用があることから、脱毛剤として使われてきた。だが、タリウムには薬用としての服用量をわずかにオーバーしただけで容易に中毒を

起こす性質がある。子どもの誤飲事故などがしばしば起きたこともあって、現在では薬剤としては使われなくなり、耐食性の合金や、特殊ガラスや人工宝石の製造など工業分野で使われている。

タリウムが体内に入ると、どうなるのか。

この物質は消化管、気道、皮膚を通じて速やかに吸収される性質があり、容易に全身の臓器に広がる。そして体内の組織細胞内でカリウムと置き換わり、酵素の活性やタンパク合成を阻害して中毒症状を引き起こす。人間の場合、その致死量は1グラムとされている。

硫酸タリウムの場合、摂取してから1～2日で症状が現れる。初めは、嘔吐、食欲不振、腹部痛、筋肉痛や頭痛、口内炎、結膜炎、顔面腫脹といった症状が現れる。病状が進行すると、知覚異常、運動障害、けいれんや昏睡、譫妄、呼吸麻痺といった症状が現れる。1週間から3週間で、脱毛や腎障害、神経・精神障害などが起こり、重篤なケースでは死に至る。

タリウムを用いた殺人事件をモデルとして書かれたアガサ・クリスティーのミステリー小説に『蒼ざめた馬』**という作品がある。この中で、クリスティーはタリウム中毒特有の脱毛症状について触れている。

「髪の毛なんてね、そう簡単に抜けるものじゃないのよ……あの人たちにしたって、髪の毛が根っこから抜けるなんて不自然じゃないの……きっと何か新種の病気にちがいないわ」（『蒼ざめた馬』高橋恭美子訳）

さらにクリスティーは、タリウムの中毒症状がほかのさまざまな病気の症状と見分けにくいことを指摘している。

一見しただけではタリウムの引き起こす中毒症状は、パラチフス、脳卒中、アルコール性神経炎、てんかん、胃腸炎、脳腫瘍などの症状とよく似ているため、犯罪に用いられたとしても見過ごされやすい。そのため診断が遅れ、適切な治療をほどこされぬまま重症に陥るというケースも起こりうる。

タリウムによる中毒かどうかは、尿や毛髪からタリウムが検出されるかどうかによって診断可能である。初期の基本的な処置としては、胃の内容物を吐かせることや、胃洗浄である。血中のタリウムを除去するため、血液透析が行われることもある。

＊**タリウム**　原子番号81の銀白色の金属元素。元素記号はTl。
＊＊**『蒼ざめた馬』**　アガサ・クリスティーのオカルトとミステリーが融合した傑作。早川書房のクリスティー文庫93などで読める。

4−5 戦争が生み出した神経ガス

1995年に起きた地下鉄サリン事件は、化学兵器として開発された神経ガスのサリンが多数の一般市民を無差別に殺傷するという、恐るべき事件であった。それまで、日本人はサリンという名前さえ聞いたことのない人がほとんどだった。しかし、この事件をきっかけとして、サリンやVXガスといった神経ガスの恐ろしさが認識されることになった。

毒ガスが世界で初めて使われたのは、第一次世界大戦のときだった。このときドイツが塩素ガスを使用したのをきっかけに、アメリカ、フランス、イギリスなどの各国もこぞって毒ガスを使用し、その犠牲者は130万人に上った。第二次世界大戦時には、ナチスドイツは農薬の開発過程でできあがったタブンという神経ガスを皮切りに、サリン、ソマンという計3種類の強力な神経ガスを開発した。現在、神経ガスというと、この3種類にくわえて、1949年にイギリスが開発したVXガスを合わせた4つが主要なものとされている。この中で、最も強力なのがVXガスである。

毒ガスには、ほかにマスタードガス[**]などのように、皮膚にびらんを生じさせるびら

神経ガスの作用

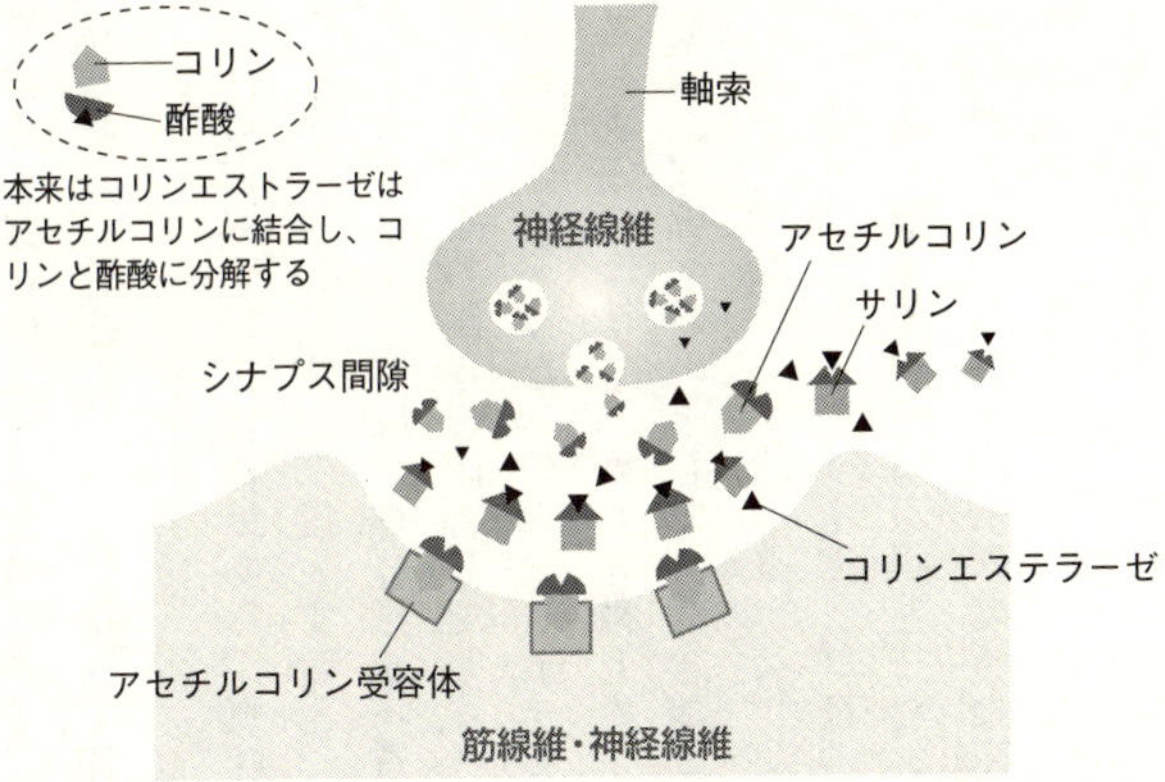

サリンなどの神経ガスはアセチルコリンエストラーゼと結合し、アセチルコリンの分解を阻害する。

この結果、筋肉は収縮したままになり、けいれんを起こし、呼吸ができなくなってしまう。

ん性毒ガスもあるが、毒性が最も強いのは神経ガスである。これは動植物のもつ天然の神経毒と同じく、神経伝達物質に作用して、その機能を阻害する。作用が極めて早く、致死率も高い。

神経ガスの成分は、いずれも有機リン化合物である。無味無色無臭で、通常の状態では液体であり、呼吸器や皮膚を通して体内に侵入すると、コリンエステラーゼという酵素と結合する。コリンエステラーゼには、神経伝達物質のアセチルコリンをコリンと酢酸に分解する作用がある。この働きを阻害してしまうのが神経ガスである。

アセチルコリンが分解されないとどうなるのか。アセチルコリンの役割は、筋肉を収縮する指令を伝えることにある。シナプスから遊離したアセチルコリンが受容体に結合することによって、筋肉は収縮する。そして、受容体に結合したアセチルコリンが、コリンエステラーゼの働きで分解することによって、収縮した筋肉が弛緩する。

ところが、神経ガスの成分がコリンエステラーゼと結びついてしまうと、アセチルコリンの分解が行われなくなる。つまり、筋肉が収縮したまま、元に戻らなくなってしまう。このため筋肉はけいれんを起こし、呼吸ができなくなり、死に至る。

神経ガスに対しては、決め手となる治療法はない。ただ、応急の救命措置として、アトロピンを静脈注射するという方法がある。アトロピンは、すでに触れたようにチヨウセンアサガオやハシリドコロ、ベラドンナなどに含まれるアルカロイドであり、アセチルコリンの働きを抑制する作用がある。くわえて、神経ガスをコリンエステラーゼと分離させる作用のあるオキシム剤（パム）を投与するという方法が併用される。ただし、神経ガスがコリンエステラーゼと結合して一定以上の時間がたってしまうと不可逆的な変化が起きてしまい、オキシム剤は効かなくなる。それぞれの神経ガスについては、このような不可逆的な変化の現れる時間が決まっているので、いずれにしても早急な措置が必要である。

ところで、世界で最初に開発された神経ガスであるタブンは、ナチスドイツの有機リン系農薬の開発中にできあがったものである。この有機リン剤は、現在も農薬、殺虫剤などに使われている。その殺虫のメカニズムは、基本的に毒ガスと共通している。この有機リン剤を浴びた虫は、アセチルコリン分解酵素（コリンエステラーゼ）の働きを阻害されてしまうため、呼吸麻痺を起こして死んでしまう。つまり、有機リン剤は神経を持っている動物には作用するが、植物のように神経のないものには無害である。このためパラチオンやマラチオンといった有機リン剤は農薬の花形として、たちまちのうちに世界に普及していった。

ところが、もしこの農薬が残留した野菜を食べた場合、神経のある動物である人間もまた、その殺虫作用を受けることになる。戦後の日本の食糧難の時代には、パラチオンによる中毒事故が各地で発生した。有機リン剤による中毒は、軽いものだと、手足がしびれたり、頭痛やめまい、下痢や腹痛といった症状だが、重症になると、脳障害などを起こし、死亡することもある。アメリカでも、有機リン剤を含んだ室内用の殺虫剤が原因とみられる子どもの行動障害が社会問題となり、現在では有機リン剤の使用には、きびしい制限がかけられている。

＊マスタードガス　第一次世界大戦でドイツ軍が初めて使用した毒ガス。純粋な成分では無色無臭だが、不純物が混じって辛子のような臭いがしたため、この名がある。ちなみに、「びらん」とは皮膚や粘膜がただれた状態をいう。

４－６　火山ガスにご用心——硫化水素ガス、二酸化炭素

２００５年の暮れ、秋田県の秘湯、*泥湯《どろゆ》温泉にやってきた一家４人が、温泉から発生する硫化水素ガスのために死亡するという痛ましい事故が起きた。旅館の駐車場のそばにガスの吹き出し口があり、その周りに雪が積もって窪地になっていたという。犠牲になった一家は、この窪地に落ち込み、そこにたまっていたガスを吸いこんだのだとみられている。体を癒してくれるはずの温泉が、生命にかかわる危険な場所にもなりうることを人びとに思い知らせた事件であった。

火山国である日本には多くの温泉があるが、温泉のある場所は同時に硫化水素ガスをはじめとする火山ガスの放出される場所であることを忘れてはならない。泥湯の事件だけでなく、温泉地や火山地帯でガスを吸った人が亡くなるという事故は、しばしば起こっている。火山ガスの成分の90パーセント以上は水蒸気だが、そのほかに含まれている硫化水素、二酸化硫黄、塩化水素、二酸化炭素などは、人体に有害な成分である。

**硫化水素は、いわゆる温泉特有の卵の腐ったようなにおいである。この硫化水素が

硫化水素の作用

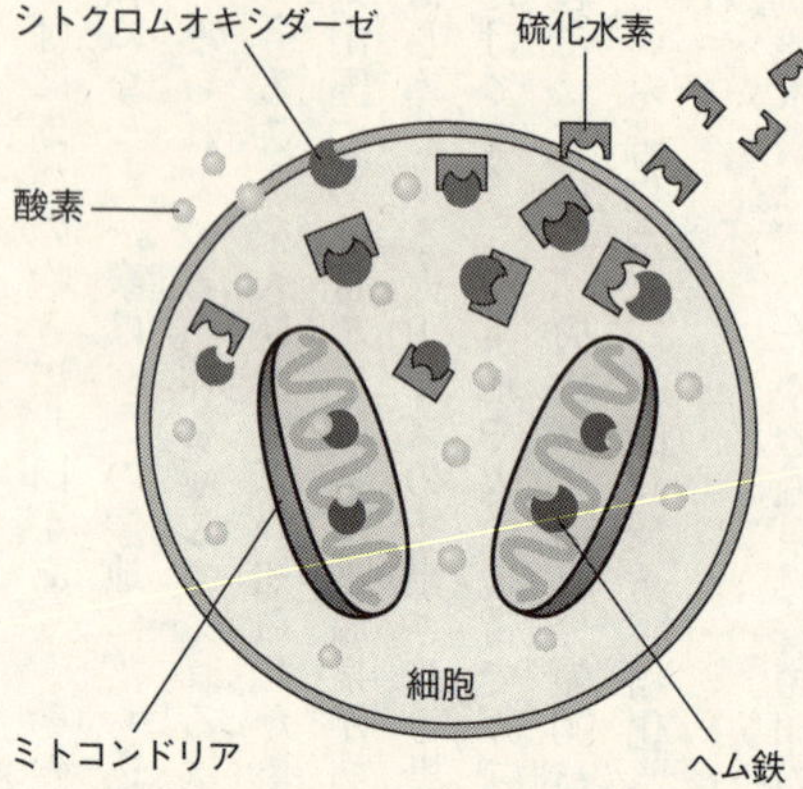

硫化水素は、青酸と同じように、細胞呼吸を阻害する毒性を持つ。細胞内に侵入した硫化水素は、ミトコンドリアのヘム鉄に酸素を運ぶ役目の酵素シトクロムオキシダーゼと結合して、ミトコンドリアが酸素を取り込むのを妨害するのである。酸素がなければミトコンドリアはエネルギーを産生できない。

燃えると二酸化硫黄（亜硫酸ガス）ができる。硫化水素は濃度が低ければ、温泉情緒を感じさせるにおいかもしれないが、高濃度になると命にかかわる毒性を発揮する。

肺を通じて血中に入り込んだ硫化水素は、青酸と同じく、ミトコンドリアの呼吸酵素であるシトクロムオキシダーゼを阻害する。このため細胞呼吸ができなくなり、低酸素症や中枢神経系細胞に障害を引き起こす。高濃度の場合、数回の呼吸で急激な呼吸麻痺を起こして即死してしまう。硫化水素は空気よりやや重いため、温泉地の窪地などには高濃度の硫化水素がたまっている場合がある。こうした窪地にはまりこんだ人が即死してしまうケースが多いのも、そのためである。

有毒な火山ガスの中には二酸化炭素も含まれる。二酸化炭素というと空気中にも含まれている成分であり、人の吐く息にも含まれている。炭酸飲料にも含まれているし、毒性があるとは考えにくい。しかし、空気中の二酸化炭素濃度はわずか０・０３６パーセントにすぎない。この濃度が高くなると、動物全般に対して強い毒性を発揮する。

１９９７年７月、八甲田山で訓練中の自衛隊員３人が窪地に落ちて死亡する事故があった。この窪地にたまっていたのが火山から噴出した二酸化炭素であった。空気中の二酸化炭素の濃度が10パーセントになると耳鳴りやふるえがおき、１分ほどで意識不明になる。25パーセントを超えると、中枢神経が抑制されて麻酔にかかったような状態（炭酸ガスナルコーシス）に陥り、放っておくと死んでしまう。八甲田山の窪地にたまっていた二酸化炭素の濃度は15パーセントに達していたという。身近な気体とはいえ、濃度によっては二酸化炭素も恐ろしい毒ガスになるのである。

ちなみに、硫化水素や二酸化炭素に比べると、酸素には疲労回復を助けてくれるヘルシーなイメージがある。最近は酸素の缶詰とか酸素バーというものまである。酸素は、体内で栄養素をエネルギーに変換している。その意味で酸素が動物の生命活動にとって重要なことはいうまでもない。

地球の大気中の酸素濃度は21パーセントである。だが、健康に良さそうだからといって、酸素濃度が50パーセント以上の中で生活したら、逆に酸素の副産物である活性酸素の作用によって健康を害してしまう。マウスによる実験では酸素濃度を上げた環境の下では、短命になることが観察されている。

地球に生命が誕生したとき、酸素は存在しなかった。そこで栄えた生命はすべて嫌気性の微生物であり、酸素を用いずにエネルギー交換を行っていた。これらの微生物にとって酸素は「酸化」という毒性を発揮する毒物にほかならなかった。しかし、酸素には極めて高い反応性があるため、酸素を用いたエネルギー交換は酸素を用いないエネルギー交換に比べてはるかに効率的だった。このため生物は酸素の持つ毒性を克服してエネルギー交換が行えるように進化したのである(くわしくは第7章参照)。

＊泥湯温泉　秋田県の栗駒国定公園域にある山間の静かな温泉。宿が開設されたのは1680年とされる。泉質は硫黄泉。ボコボコと熱湯と泥が混ざってわき出すマッドポットがある。

＊＊硫化水素　火山ガスや温泉ガスに含まれる、腐卵臭のある無色の気体（H_2S）。10 ppm で目に刺激を感じ、500 ppm 以上で生命に危険を生じる。

4-7 不老不死の秘薬とされていた水銀

水銀*に強い毒性のあることは、今日よく知られている。熊本で起こった水俣《みなまた》病は、工場排水に含まれた有機水銀が蓄積された魚を食べたことがもとで起こった公害病であった。また、水銀とよく似た性質を持つカドミウムは、富山県の神通川《じんづうがわ》の流域の住民に多大な被害をもたらしたイタイイタイ病の原因ともなった。

しかし、酸化や加熱によって形や色を変幻させる水銀は、その風変わりな性質のために、古代には特別な金属と見なされていた。中国では不老不死の秘薬「丹薬《たんやく》」と見なされ、始皇帝や武帝といった歴代皇帝が、水銀を飲んで健康を損ね、命を落とした。錬金術師たちは、水銀を、その変幻自在な性質から、神出鬼没な伝令の神ヘルメス（メルクリウス）になぞらえた。

今でも水銀は身近な製品や生活の中で使われている。体温計、水銀電池、歯科治療用のアマルガム。今では姿を消したが、傷口の消毒に使われていた赤チンにも水銀が含まれていた。

とはいえ、体に入ると水銀は猛毒となる。水銀を熱したときに生じる水銀蒸気を吸

食物連鎖

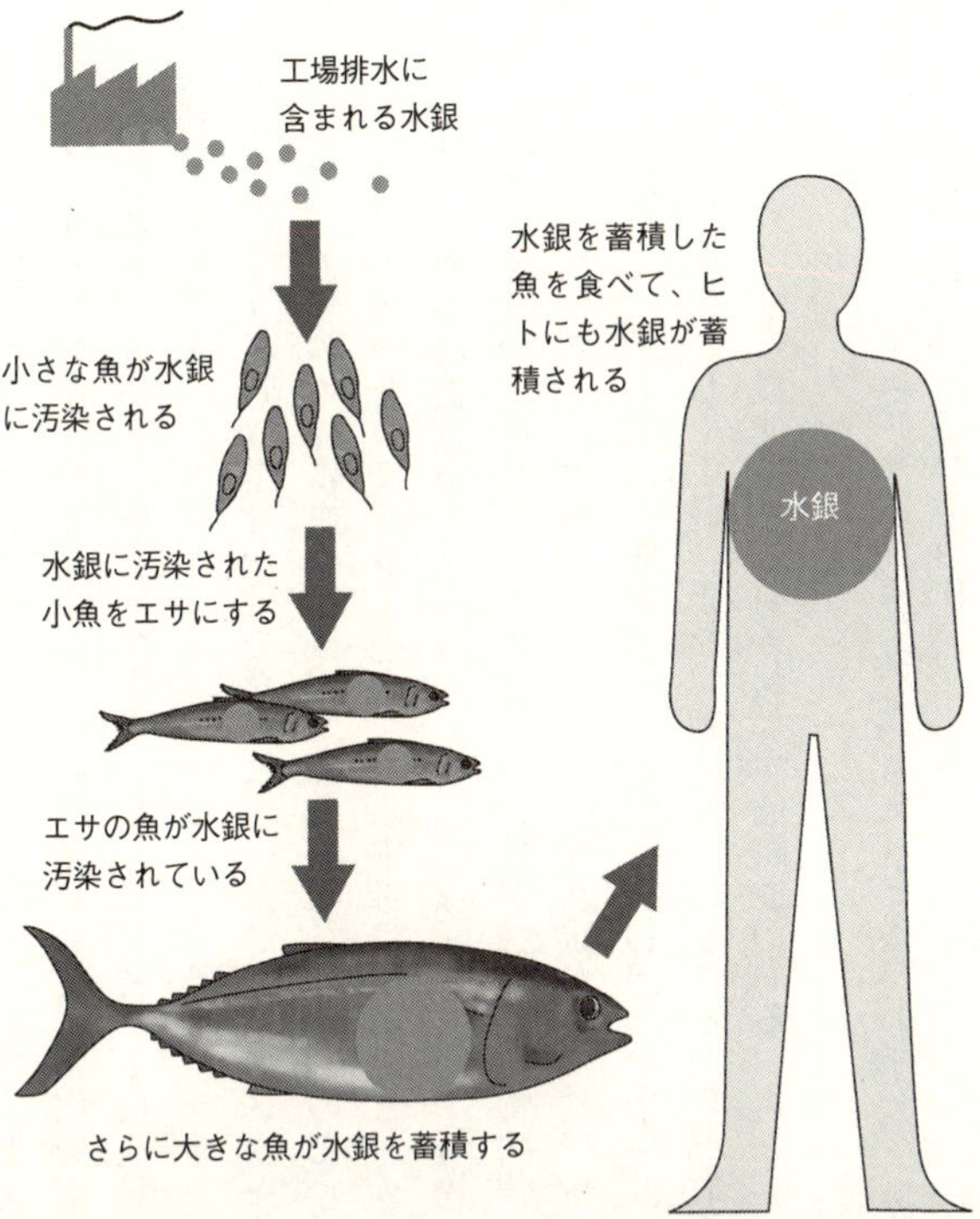
工場排水に
含まれる水銀
小さな魚が水銀
に汚染される
水銀に汚染された
小魚をエサにする
エサの魚が水銀に
汚染されている
さらに大きな魚が水銀を蓄積する
水銀を蓄積した
魚を食べて、ヒ
トにも水銀が蓄
積される
水銀

有機水銀を含んだ工場排水で海が汚染され、その水銀が小さな魚などの生物に蓄積する。その生物たちをエサにしている魚に水銀が蓄積する。さらに大きな魚がこの魚を食べて大きな魚に水銀が蓄積していく。水銀が蓄積した魚を食べることによって、水銀中毒の症状が出てくる。

い込むと、せき、呼吸困難などの呼吸器症状にくわえて、悪寒、脱力感、嘔吐、下痢などを起こす。重症では肺水腫を起こし、腎臓に蓄積して腎障害を引き起こす。慢性の水銀中毒になると、ふるえ、興奮、歯肉炎が起こり、貧血や白血球の減少などが起こり、精神障害を起こす。

奈良の大仏は、建立当時は全身が金で覆われていたが、このメッキ作業は金と水銀の合金を造って、大仏の本体に塗った後、水銀を蒸発させるものだった。このときに生じた大量の水銀蒸気のために、多くの人が水銀中毒になったという。

有機水銀は、水銀が有機化合物と結合したものである。水銀（無機水銀）に比べて体内に取り込まれやすい。中でもメチル水銀は毒性が強く、生物の体内に蓄積しやすい性質がある。プランクトンの体内に入ったメチル水銀が魚に食べられ、それをさらに大きな魚が食べて、最終的に人間が食べるという食物連鎖の中で濃度が高くなる、いわゆる生物濃縮を起こしやすい。また、脂溶性であることから、血液・脳関門を通過してしまうため、脳の機能障害を引き起こす危険性がある。

＊**水銀**　常温で液体の金属元素。空気中で微量の蒸気になるが、わずかでも吸入すると中毒になるので注意。原子番号80、元素記号はHg。

4-8　鉛の毒がローマを滅ぼした？

鉛は、体内に蓄積されて中毒を起こす危険な物質というイメージがあるかもしれない。だが、人体にとって鉛は亜鉛や鉄、マンガンなどとともに微量必須元素の一つである。鉛は成長の維持や、血液の生産、生殖活動にとって重要な物質とされている。自然界に存在する微量の鉛は、大気や飲料水、食物などを通して、体内に入り、そのほとんどは尿や汗、毛髪などを通して、大部分が排出され、特に健康を害することはない。その摂取量は1日およそ300マイクログラム程度だといわれている。

ところが、毎日数ミリグラムの鉛が体内に入った場合、骨や臓器に蓄積し、数週間から数カ月を経て中毒症状が現れる。障害は、血液、神経系、平滑筋などに現れ、鉛仙痛と呼ばれるけいれん性の腹痛や、鉛蒼白と呼ばれる顔色が青くなる貧血症状、鉛脳症と呼ばれる神経障害などを引き起こす。鉛は神経伝達反応を妨げ、脳と中枢神経の働きを低下させる作用がある。鉛の血中濃度が100ミリリットル中60マイクログラムを上回ると、知能指数が低下するという報告もある。

鉛が体内に入る機会は思いのほか多い。特に1970年代半ばまでは自動車の燃料に有鉛ガソリンが使用されていたため、排ガスを通して地上や海上にふりそそいだ鉛による野菜や魚の汚染が問題となった。現在では有鉛ガソリンはほとんど使用されていないが、都市部の公園の砂場の表土などからは依然として高濃度の鉛が検出されるという調査結果もある。

古代においても、*鉛の害は存在した。ローマ帝国は完備した上水道施設を持っていたことで知られるが、この配水管に鉛が使われていた。このため生活水には鉛が溶け出していた。また、酒器のほとんどは鉛製であり、ワインやシロップも、鉛製の容器に貯蔵され、皇帝は鉛のジョッキでワインを飲んだ。一説には、一部のローマ皇帝の異常な行動は鉛による中毒のせいであり、ローマ帝国が滅亡したのも多くのローマ市民が鉛中毒による精神障害になり、それが堕落と退廃を促し、滅亡を導いたのではないかともいわれている。

17世紀から18世紀にかけては、鉛中毒のためと見られる疝痛がヨーロッパと新大陸で猛威をふるった。この時期、ワインには防腐作用と甘味を増すために酸化鉛が添加されていた。ラム酒造り用の蒸溜器やリンゴ酒の発酵容器、食器の釉薬などにも鉛が使われていた。音楽家のベートーベンも慢性の鉛中毒による疝痛や痛風に悩んでいたといわれる。死後、ベートーベンの遺髪からは通常の１００倍もの濃度の鉛が検出されたという。

また、江戸時代から明治時代にかけて、日本で使われていた「白粉《おしろい》」にも鉛を含んだ鉛白《えんぱく》と呼ばれる顔料が用いられていた。このため日常的に白粉を使う芸者や役者の多くが鉛中毒になり、命を落とす人も多かった。中世ヨーロッパでも、同じく鉛を含んだ白粉が用いられていたが、やはり鉛中毒によってシミができるため、それを隠すためにツケボクロが発達したといわれている。

鉛の害は人間だけにとどまらない。鉛は加工がしやすく、重くて威力があることからライフルや散弾銃の弾として使用されてきた。北海道では、1990年代、この弾を打ち込まれたエゾジカなどの肉を食べたオオワシやオジロワシが鉛中毒のために死ぬという例がたびたび見つかっている。近年、北海道では鉛ライフル弾の使用規制が行われるようになったものの、鉛中毒により野生動物が犠牲になる事件は依然としてなくなっていない。

＊鉛　体内に入ると鉛イオンとなり、リン酸鉛として骨に蓄積され、慢性障害を起こす。原子番号82、元素記号はPb。

4-9 内分泌攪乱化学物質（環境ホルモン）

　１９６０年代以降、野生生物の観察を通して、環境内に存在している化学物質が、生物の内分泌系を攪乱しているらしい現象が多数報告されるようになった。ある地域の野生生物の個体の性が、極端にオスあるいはメスに偏っていたり、免疫機能の低下が観察されたり、甲状腺に異常がみられたり、精子の数が減少していたりという例が、世界各地で見つかった。このように生体の正常なホルモン作用を阻害する外因性の物質を、内分泌攪乱《ないぶんぴつかくらん》化学物質、あるいは便宜的に環境ホルモンと呼んでいる。

　内分泌攪乱化学物質といわれる化学物質はＤＥＳ（ジエチルスチルベストロール）、ＤＤＴ、ＰＣＢ、ダイオキシン類など、さまざまであり、研究機関によってその種類や数は異なっている。日本の環境省では、これらを含むおよそ70種類が内分泌攪乱化学物質である可能性があるとしている。

　女性が妊娠中に流産防止のために合成女性ホルモンであるＤＥＳを投与されたり、ＰＣＢやＤＤＴにさらされたりした場合、生まれた子どもに高い確率で異常が起きることも指摘されている。生まれた子どもが男性の場合、生殖器異常や生殖能力の低下、前立腺ガンや精巣ガンである率が高く、女性の場合は、膣ガンや子宮内膜症、乳ガンである率が高くなるというのである。

内分泌攪乱化学物質とされる物質は、人間を取り囲む環境の中にも多く存在する。1960年代、つわりの薬として使用されたサリドマイド剤を服用した妊婦から、手足の形成に異常のある胎児が生まれるという事件が発生した。このサリドマイドとよく似た化学構造を持つ物質にフタール酸エステル類がある。これは内分泌攪乱化学物質であると疑われているものだが、コンビニ弁当の容器や食品用ラップ、輸血用や点滴用のプラスチックバッグなどに広く用いられている。

だからといって、プラスチックバッグは危険だといいきれないのが、環境ホルモン問題のむずかしいところである。現在のところ、生体で観察される異常と化学物質の関係がはっきりと解明されているとはいいがたい。内分泌攪乱化学物質という考え方そのものを仮説としてとらえるべきだという意見もある。特に人間の場合、内分泌攪乱化学物質と症状との因果関係については、いまだ不明な点が多いのも事実である。

内分泌攪乱物質の一つとされるダイオキシン類は廃棄物を焼却した際に産生される有機塩素化合物、ポリ塩化ジベンゾジダイオキシンなどの化合物の総称である。廃棄物の燃焼によって発生したり、農薬や除草剤の原料にも用いられていた。大気中に放出されたダイオキシンは土壌や海を通じて、農作物や魚に取り込まれ、それを食べた人間の体内への蓄積が懸念されている。

ダイオキシンには、青酸カリの1000倍といわれる急性毒性に加えて、催奇形性、発ガン性、生殖毒性、環境ホルモンとして内分泌攪乱作用を引き起こすなどの慢性的な毒性が疑われている。

ダイオキシンの怖さを世間に思い知らせた事件に、1976年、イタリアのセベソの農薬工場で起こった爆発事故がある。このとき飛散した大量のダイオキシンのために、家畜の大量死、異常児の出生率上昇、皮膚炎の発症などが起こった。

日本でも、1970年代まで使用されていた農薬に含まれていたダイオキシンが川底や海底から今でも検出されている。1960年代にベトナム戦争で使用された枯葉剤にも大量のダイオキシンが含まれており、それがベトちゃん・ドクちゃんのような先天性の奇形を発症する原因となったという説もある。

だが一方で、ダイオキシンをことさらに脅威と見なして環境危機をあおる傾向に対して批判的な見方もある。ダイオキシンによる急性中毒による人間の死亡例はないこと、催奇形性や内分泌攪乱作用、ダイオキシンに汚染された母乳を飲むことが新生児のアトピーの原因になっているといった説などについても、その科学的裏付けが薄弱であること、明らかにダイオキシンの慢性毒性だといえる症例もないことなどを指摘する声もある。ダイオキシンが塩素を含むプラスチックの燃焼によって発生するという通説を疑問視する声もある。

日本のマスコミがダイオキシン問題で騒ぎ出したのは1990年代の後半である。しかし、1970年代からすでにダイオキシンの排出量や摂取量・人体蓄積量は減少し続けている。ダイオキシンが有毒物質であることは確かだが、科学的事実から逸脱したイデオロギー寄りのダイオキシン脅威論には慎重になるべきかもしれない。

第5章　麻薬とは何か

5-1 麻薬とはどういうものか

麻薬という言葉は、普段なにげなく使われているが、その定義となると、なかなかむずかしい。『大辞泉』によると、麻薬とは「中枢神経を麻痺させ、陶酔感を伴い、強い麻酔・鎮痛作用があるが、連用すると薬物依存を生じる物質。アヘンおよびそれより抽出されるモルヒネ、コデインやコカインなどの天然麻薬と、塩酸ペチジンなどの合成麻薬とがある」とある。しかし、薬物依存といっても、モルヒネとコカインでは、その症状の現れ方や習慣性もちがう。

麻薬という名称は、薬理学的なものというより、法律的なものとして理解すべきだろう。現在、麻薬を取り締まる法律には、「麻薬及び向精神薬取締法」というものがあるが、そのほかにも「あへん法」「覚せい剤取締法」「大麻取締法」「毒物及び劇物取締法」という薬物取り締まりのための法律がある。法律的に麻薬に分類されるものには、ヘロイン、モルヒネ、コカイン、LSD、マジックマッシュルーム、MDMAなど、覚せい剤に分類されるものには、アンフェタミンやメタンフェタミンがある。

ただし、薬物を取り締まるためのこれらの法律は、新しいタイプの常習性・習慣性のある薬物が登場するたびに改定されている。現在、とりわけ大きな問題になっているのは、危険ドラッグの問題である。危険ドラッグは、以前は脱法ドラッグと呼ばれていたが、２０１４年から警察庁と厚生労働省が呼称を「危険ドラッグ」へと改めた。

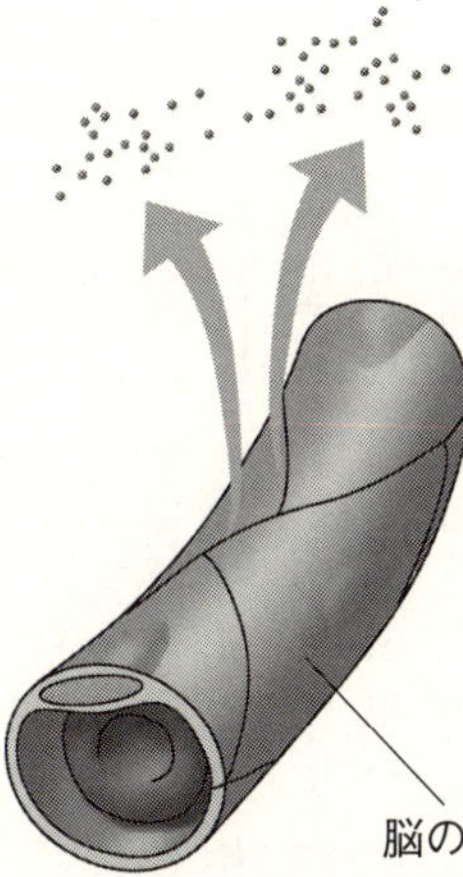

麻薬が麻薬たる所以は、脳の入口に存在する血液・脳関門をすり抜けて脳内に侵入することである。血液・脳関門は脳の毛細血管にある関所のようなもので、さまざまな物質の出入りを選択し、制限している。

現時点では麻薬に指定されていないが、化学的構造が麻薬に似ているため、麻薬と同等の作用を持っている薬物を指す。マリファナの代用品としてハーブに違法薬物と類似した成分を吹きつけた脱法ハーブや、麻薬や覚せい剤と基本構造は同じで側鎖を変化させたデザイナードラッグなどが含まれる。

こうした薬物の多くは現在は麻薬取締法による規制対象に指定されている。しかし、ある薬物を規制しても、類似した化学構造をもった薬物がほどなくして開発される。それを取り締まるために、また法律を改正しても、同じことのくり返しになるというイタチごっこが続いているのが現状である。

しかも、規制強化を逃れるために新しい薬物が登場するたびに毒性が増していく傾向がある。脱法ハーブの吸引が原因とされる救急搬送は、2011年から2012年の1年で20倍に激増したという報告もある。薬物使用者による犯罪や交通事故、中毒死なども大きな社会問題となっている。

５－２　麻薬はなぜ効くのか？

麻薬がなぜ、人間の心や感情を左右するのか。それには人間の心がどのような仕組みによって生み出されるかを知っておく必要がある。

現代の科学では、心というものは脳の活動によって生み出されるものと考えられている。脳を構成しているのは１０００億ともいわれる神経細胞（ニューロン）であり、それぞれのニューロン同士の間にはシナプスと呼ばれるすきまがある。このすきまを神経伝達物質という化学物質が通ることによって、情報が、となりのニューロンへと伝えられる。この神経伝達物質の種類や量が、人間の心の働きに大きな影響を与えているのである。

神経伝達物質は約１００種類以上存在するといわれているが、精神活動に大きな影響を与えている神経伝達物質は、ドーパミン、ノルアドレナリン、セロトニン、γ－アミノ酪酸*（ギャバ〈GABA〉）などである。

通常、１つの神経細胞は１種類の神経伝達物質しか分泌しない。ドーパミンは快感や喜びにかかわり、脳神経の中のA**10神経が刺激されることによって放出される。

一方、A10神経の働きを抑制しているのがギャバ神経細胞から分泌されるγ－アミノ酪酸である。これはドーパミンの過剰分泌を抑えて、興奮した神経を落ち着かせる作用がある。また、ノルアドレナリンは恐怖や驚きを感じたときに分泌される化学物質で、心拍数を上げ、血流を増加させ、集中力を高めてストレス回避の準備をさせる作用がある。セロトニンは逆にノルアドレナリンの働きを抑制し、不安を鎮めて感情の安定を図る。

健康な人間の場合、各神経伝達物質が相互に作用しながら、神経の興奮を高めたり抑制したりして、バランスをとっている。ところが、麻薬は、これらの神経伝達物質と化学構造が似ているため、このような本来の生理作用を撹乱してしまう。例えば、覚せい剤やコカインはシナプスにおけるドーパミンの再吸収を阻害する。このためドーパミンがシナプスにあふれ出し制御不能な興奮や快楽状態を作りだしてしまう。

麻薬による快感が恒常化すると、その虜になって、麻薬を打つ習慣から逃れられなくなってしまうケースが少なくない。薬物が手もとにないと、薬物についての思考に日常の意識が乗っ取られた状態になる。これが麻薬への「精神依存」である。また、肉体そのものも麻薬のない状態に耐えられなくなり、発汗や動悸、震えやけいれんなどの禁断症状を起こす場合があり、こちらは麻薬への「身体依存」と呼ばれている。

薬物使用で逮捕されたタレントがふたたび薬物に手を出す例もあるように、薬物依存症からの回復は容易ではない。依存の形成には「快感を求める」衝動と「不安から逃れたい」という衝動の二つの方向性がある。初めは快感を求めて手を出したものの、深刻化するにつれて、不安や恐怖を逃れたいという衝動がメインになりがちだ。罪悪感を深く感じれば感じるほど、そのプレッシャーに耐えきれず、ふたたび薬物に手を出すという悪循環がそこに生まれる。

それを「意志が弱いからだ」とか「本気で反省していないからだ」と糾弾する意見もあるが、薬物に対するコントロールが効かなくなるのは、意志や性格の問題ではなく、脳内の病的変化によるものである。薬物依存症とは、神経細胞そのものが変質して、薬物なしでは正常な状態が保てなくなる慢性疾患なのである。意志や心がけによって、自力で薬物依存症から回復することはきわめて困難であり、長期にわたる適切な治療が不可欠である。

＊ギャバ（GABA）　脳内の代表的な神経伝達物質の１つ。グルタミン酸が神経を興奮させるのとは反対に、ギャバは神経を抑制させるように働く。

＊＊A10神経　快感中枢ともいわれ、喜怒哀楽の感情を司る大脳辺縁系を支配する神経であり、ドーパミンを分泌する。覚せい剤やニコチンはこのＡ10神経に作用する。

5-3 アヘンの歴史

アヘンは、未熟のケシの実を傷つけ、そこからしみ出す乳状の液体を集めて乾燥させた麻薬である。アヘンにはモルヒネを主成分とするアルカロイドが含まれ、アヘン中毒になると、極めて重い依存症に陥る危険性があることでも知られる。

アヘンの歴史は古く、今から5000年前のメソポタミアの粘土板に、すでにケシの栽培法や、ケシから汁を取り出す方法についての記述がみられるという。古代ローマの博物学者プリニウスも、その著書『博物誌』*の中で、アヘンの製法やその効果について述べているし、同時代の薬学者ディオスコリデスもアヘンの効能について、くわしく記している。当時、アヘンは鎮痛剤、催眠剤など、薬剤として用いられていた。

その後、アヘンはアラビア人を介して、ルネサンス時代のヨーロッパにもたらされた。16世紀の医学者パラケルススは、アヘンが鎮痛薬として優れた効果を発揮することをいちはやく認識し、その普及に努め、その甲斐あってアヘンはヨーロッパで広く医薬品として用いられるようになった。

ところが、19世紀になると、アヘンを医薬品ではなく、多幸感を得るために用いるようとする習慣が広がり始めた。アヘンの販売や喫煙をする場所はアヘン窟と呼ばれ、中国、東南アジア、アメリカ、フランス、イギリスにも広がった。当時の詩人や芸術家、作家たちは、アヘン摂取時の心地よい経験を作品に表現するようになった。特にトーマス・ド・クインシーやキーツ、ブラウニングらは、アヘンの強い虜《とりこ》になった。

アヘン中毒が深刻な社会問題となったのは、むしろ中国や東南アジアだった。ヨーロッパでもアヘンが流行しながらも、その乱用が大きな社会問題にまで発展しなかった一つの理由は、その吸引方法のちがいにあったともいわれている。ヨーロッパではアヘンはアヘンチンキ剤の形で経口で摂取された。口から入ったアヘンは消化管から吸収される過程で、その大半が代謝されてしまうため、効き目も遅く、脳に達する成分は比較的少ない。

しかし、中国ではアヘンは喫煙によって吸引するものであった。このためアルカロイドが直接、中枢神経に到達してしまう。このためアヘンに溺れて廃人と化す中毒者があふれた。

この大量のアヘンを中国に輸出していたのがイギリスである。イギリスは、植民地のインドで生産したアヘンを中国に輸出して、莫大な利益を上げていた。一方、アヘン中毒者の急増に危機感を覚えた中国はアヘン輸入を禁じたが、アヘンの氾濫は一向

ケシの実

ケシ

ケシはケシの実をつける。熟す前のケシの実に傷をつけた時に分泌する乳液を集めて乾燥させたものが、アヘンである。モルヒネ、コデイン、テバイン、パパベリン、ノスカピンなどのアルカロイドを含む。

にやまなかった。清朝の官吏、林則徐は、密輸アヘンを焼却したり、外国商館を封鎖し、イギリスの中国駐在総督を監禁するなどの実力行使に出たが、このことがイギリスにつけいるすきを与え、イギリスと中国との間にアヘン戦争[**]が勃発する。この戦争によって、清朝は香港を失い、イギリスに多額の賠償金を支払うことになった。

アヘンの流行はやまず、20世紀初頭には中国の全国民の4分の1がアヘン中毒になっていたともいわれる。そうした状況は第二次世界大戦後、中華人民共和国が成立するまでつづいた。清朝最後の皇帝愛新覚羅溥儀の正妃であった婉容も重度のアヘン中毒で、禁断症状に苦しみ、視力を失い、立ち上がることもできなくなり、39歳の若さで亡くなっている。

第二次世界大戦後も、アヘン生産は反政府勢力などが資金を得る手段としてつづいている。その生産の中心はミャンマーとラオス、タイに囲まれた「黄金の三角地帯」と呼ばれる地域であった。この地域では19世紀からアヘンの原料となるケシの栽培が行われてきたが、この地におけるアヘンの生産量は２００６年から２０１４年で3倍に増えている。これは中国やラオス、タイ、シンガポールなどで、アヘンを主原料としたヘロインの需要が増えているためだという。

現在、世界最大のアヘン生産国はアフガニスタンである。きっかけはイスラム主義組織のタリバンだった。当初麻薬撲滅をめざしていたタリバンだったが、２００１年、アメリカ軍主導の多国籍軍がアフガニスタンに侵攻して、タリバン政権が崩壊すると、タリバンは一転してアヘンを活動の資金源として活用する道をとった。現在、アフガニスタンのアヘン生産は世界の総生産量の８割以上を占めている。

＊『**博物誌**』　西洋で初の百科事典。全37巻。天文地理、動植物、薬物、鉱物、芸術品など、当時のすべての知識を網羅したもの。その後の博物学に大きな影響を与えた。プリニウス（23-79）はイタリアのコモ生まれ。ヴェスヴィオ火山大噴火の調査で噴煙にまかれて亡くなった。

＊＊**アヘン戦争**　清朝のアヘン輸入禁止をめぐるイギリスと清朝との戦争（1840-1842）。

アヘンとモルヒネとヘロイン

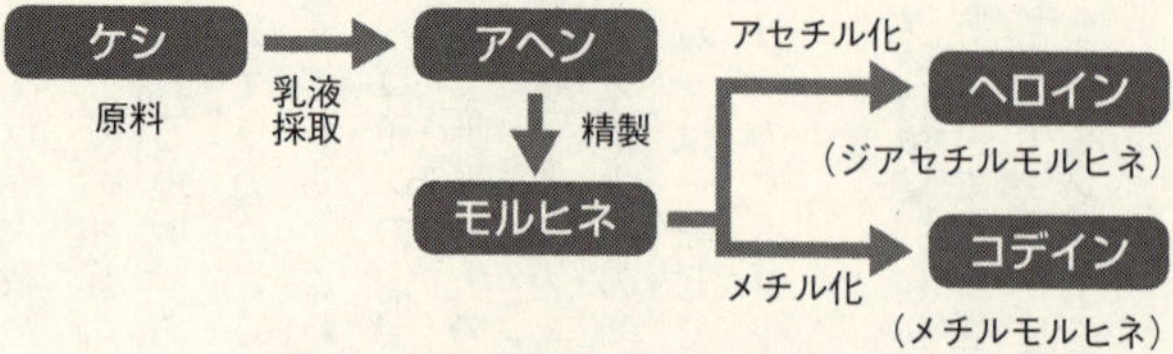

アヘンを精製するとモルヒネが抽出でき、
モルヒネをアセチル化するとヘロインになる。

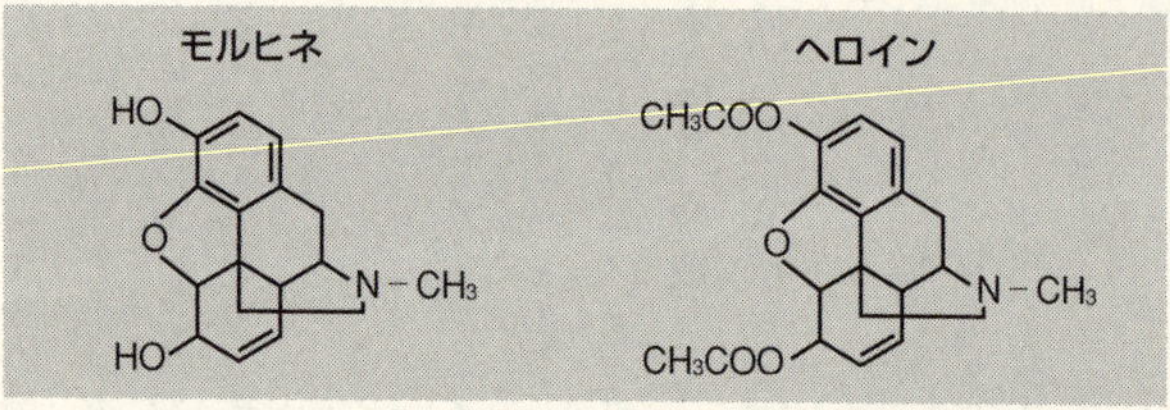

モルヒネの作用

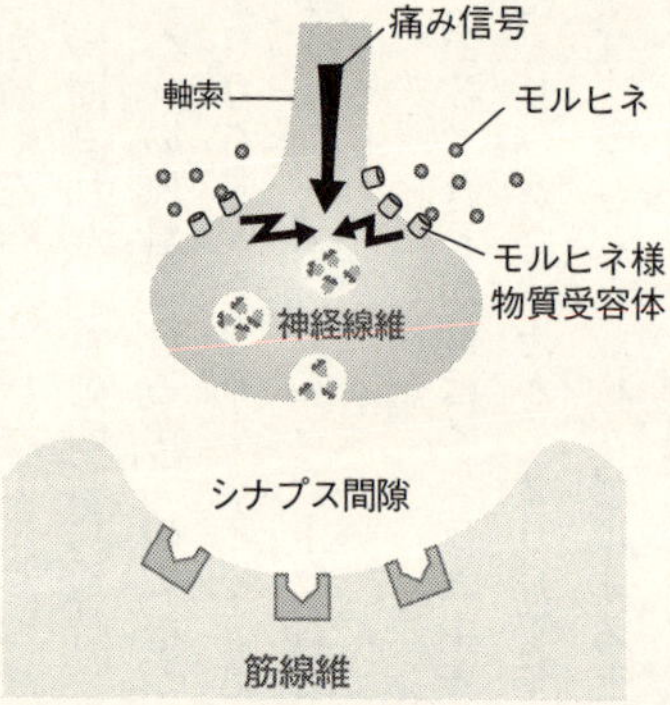

モルヒネの鎮痛作用のしくみは、実はまだよくわかっていない。痛みを伝える神経細胞の神経伝達物質の放出を阻害し、痛みの信号を止めてしまうのだと考えられる。神経細胞の膜表面には、脳内麻薬物質（エンドルフィンなど）の受容体が存在する。モルヒネは、このモルヒネ様受容体に結合するとされる。

5－4　アヘンからモルヒネへ

フランスの詩人ジャン・コクトーはアヘンの禁断症状について次のように書いている。「皮膚の電気木目、血管の中のシャンパン、悪寒、痙攣《けいれん》、毛の生え際の発汗、口中のねばつき、洟《はなみず》、涙。こうなったらもう躊躇《ちゅうちょ》したもうな。君の勇気は焼け石に水だ。あんまり遅れすぎると、君は道具を手にし阿片《アヘン》をまるめて詰めることさえできなくなる」（ジャン・コクトー『阿片』堀口大學訳）

アヘンがどうしてこのような効果を及ぼすのかは、長い間科学上の謎であった。その有効成分であるモルヒネが分離されたのは、19世紀初頭のことであった。その強力な鎮静作用から、この物質はギリシア神話の夢の神モルフェウスの名をとって「モルヒネ」と名付けられた。しかし、その化学構造がすべて明らかになるには、それからさらに150年後の、1952年のことだった。アヘンにはモルヒネのほかに、コデイン、パパベリン、ノスカピンなど40種類に及ぶアルカロイドが含まれているが、中でもモルヒネの含有量が最も多い。

モルヒネを飲むと、痛みの感覚がなくなり、不快感や緊張がゆるみ、一種の陶酔感や多幸感がもたらされ、量が多いと眠くなってくる。一方、副作用として吐き気、胃腸のぜん動運動が減退することによる便秘などがある。ちなみに、中世のアラビアでは、こうしたアヘンの副作用が赤痢を治療する際に不可欠な吐瀉《としゃ》や脱水症状の軽減のために用いられていた。

モルヒネの鎮痛作用のメカニズムについては、依然としてよくわかっていない。ただし、モルヒネが大脳に存在する受容体と結合することによって、その作用を起こすということはわかっている。大脳には、エンケファリンやエンドルフィンといった鎮痛作用を持つペプチド（これら生体内物質は内因性オピオイドと呼ばれる）が存在する。特にエンドルフィンはストレスなどの刺激を緩和するために分泌される物質であり、神経に対して強い鎮静作用をもつ。またA10神経のドーパミン遊離を促進し、ドーパミンの作用の一つである多幸感をもたらすことでも知られている。マラソンランナーが走り出してしばらくすると、苦痛が和らぎ、高揚感がこみ上げてくるという、いわゆる「ランナーズハイ」も、このエンドルフィンの分泌によるものといわれている。

モルヒネは、これらの内因性オピオイドとよく似た構造を持っている。このため、これらの物質と同じ受容体（オピオイド受容体）と結合して、同様の鎮静作用を発揮するものと考えられている。

5―5　鎮痛薬モルヒネと最悪の麻薬ヘロイン

モルヒネは身体的依存を招き、禁断症状を引き起こしてしまう恐ろしさがある。そのためか、日本ではモルヒネに対して恐ろしい麻薬というイメージがある。しかし、疼痛治療において、モルヒネの使用は不可欠といってよい。特に末期ガン患者へのモルヒネによる疼痛コントロールは標準的な治療とされている。

痛みを抑えるためにモルヒネを投与されていると、いずれモルヒネ中毒になってしまうのではないかと恐れる人は少なくないが、国立がんセンター中央病院では、術後の鎮痛目的に硬膜外*モルヒネ注入による除痛法を1万人以上に施行してきたが、それによってモルヒネ中毒になったり、退院してからモルヒネを求めてきた患者は1人もいないと発表している。「アヘン＝悪」という図式はいまだに根深いが、医学的には、疼痛緩和においてアヘンの果たした役割は極めて大きい。薬物中毒という点では、アヘンやモルヒネよりも、覚せい剤の方がはるかに危険といえよう。

ただし、モルヒネから合成されたヘロインとなると、話は別である。ヘロインは19世紀末、ドイツの製薬会社が鎮咳薬として開発・販売したもので、初めは、モルヒネよりも依存性が低いと考えられていた。ところが、モルヒネが血液・脳関門を2パーセントしか通過しないのに対して、ヘロインは65パーセントも通過してしまうため、中毒性は3倍に達し、モルヒネよりも依存に陥りやすいことがわかった。

ヘロインは身体的依存性・精神的依存性がともに高く、いかなる麻薬よりも中毒や依存が早くできあがってしまうことから、乱用薬物の頂点を占めるといってよい。禁断症状がひどくなると、体中を小さな虫がはい回るような感覚にさいなまれたり、全身の筋肉や、骨がバラバラになってしまうほどの痛みがあるという。ヘロインを摂取しないと、その痛みに耐えかねて、自傷行為に及んだり、暴れ回ったりしたあげく、しまいには精神に異常をきたすことも少なくない。大量に摂取すると、呼吸困難、昏睡を経て、死に至る。

このように大変危険な麻薬であるため、現在、ヘロイン製造・販売はともに法的に禁じられている。

＊硬膜外モルヒネ注入　頭蓋骨の下、脳を包む硬膜の外側のごく狭いすき間にモルヒネを注入する。脊椎麻酔より合併症の危険が少なく、経口や静脈投与よりも量が少なくてすみ、副作用の出現も少ない。

5-6　コカとコカ・コーラ

コカインは南米原産のコカの木の葉を原料とした薬物である。モルヒネとは逆に、中枢神経を興奮させ、疲労を回復させ、空腹を忘れさせる作用があることから、伝統的にアンデス地方の人びとの間では、コカの葉をかむ習慣があった。コカの葉を煎じて入れるコカ茶は、今でも日常的に飲まれている。

インカ帝国では、コカは神々から人間に与えられた霊薬として重視されていた。初めは、宗教儀式や医療用に用いられていたが、やがてその葉は貨幣として用いられるようになった。

インカ帝国を征服したスペイン人たちは、現地の人びとの間で神聖視されているこのコカをヨーロッパに持ち帰った。しかし、最初のうちはこの神秘化された植物をどのように扱えばいいのかわからなかった。その不思議な効能が知られるようになったのは19世紀、アンジェロ・マリアーニという薬剤師が、コカ葉から抽出したエキスをワインと混ぜ合わせて造った「ビン・マリアーニ」という飲み物が大ブームとなったためだった。

「ビン・マリアーニ」はアメリカにブームを巻き起こした。しかし当時のアメリカでは禁酒運動が盛んだったため、この人気のあるドリンクも非難にさらされるようになった。そこでジョージア州の薬剤師が考案したのがコカの葉の抽出成分と、アフリカ産のコーラの種のエキスを加えたシロップ飲料、のちの「コカ・コーラ」だった。コーラの種はカフェインやテオブロミンを含み、アフリカでは興奮剤として愛用されていたものである。当初のコカ・コーラは、100ミリリットルにつき2・5ミリグラムのコカインを含んでおり、鎮痛・覚醒作用のある薬用飲料という扱いだった。

コカの葉のアルカロイド成分であるコカインが分離されたのは1860年のことだった。コカインは多幸感や爽快感をもたらし、またモルヒネの禁断症状を軽減するといった説もあり、その愛用者は増えていった。しかし、それにつれてコカインへの依存や中毒被害が問題にされるようになってきた。アメリカですでに人気を博していたコカ・コーラからも、コカの葉エキスを取り除くようにという政府からの要請があり、1903年からはコカ・コーラにコカの葉エキスは加えられなくなった。

5－7　コカインの作用

コカインは、脳の中でも意識や覚醒にかかわっているといわれている網様体という部分に強く作用する。コカインが作用すると、脳内の神経細胞からノルアドレナリンとドーパミンが放出される。このため中枢神経が興奮し、気分が高揚し、眠気や疲労を感じなくなり、陶酔感や多幸感を覚える。

本来であれば、覚醒や興奮が一段落したあとにはリラックスするために必要な神経伝達物質が放出される。ところが、コカインはその作用を抑制し、ドーパミンの放出を続けさせ、興奮状態を続けさせる。ただし、コカインの効果は3時間ほどしか持続せず、そのあとにはイライラした抑鬱状態がやってくる。そこでコカイン使用者は、イライラからの解放を求めて再びコカインに手を出すという精神的依存のパターンに陥りやすい。

コカインを長期にわたって大量に利用していると、幻覚などの精神障害が起きることも少なくない。コカイン中毒患者は皮膚表面に異常なかゆみの感覚を覚え、体中をかきむしるため、傷だらけになるという特徴もある。重症になると、人格が失われ、統合失調症のような状態に陥ることもある。だれかに監視されているとか、告げ口をされている、警察につけられているといった被害妄想にさいなまれ、暴力事件を起こすケースもある。また、一度に大量に摂取すると、心停止や呼吸の停止で死亡することもある。

コカインにはすぐれた局所麻酔作用があるため、眼科や歯科の手術のときの麻酔薬として、長い間用いられてきた。しかし、その精神的依存性が問題になるにつれて、今ではそのまま麻酔剤として用いられることはなくなり、コカインをもとに化学的に合成したプロカインやリドカインといった局所麻酔薬が用いられている。

現在、アメリカやヨーロッパ各国ではコカインは危険な麻薬として所持や使用、販売がきびしく規制されている。その一方で、コロンビア、ペルー、ボリビアで栽培されたコカインは、ひそかにアメリカに密輸され、コカイン中毒者を増やし、深刻な社会問題を招いている。

だが、アンデス山地では、今も人びとはコカの葉をかみながら仕事をしたり、山道を歩いたりしている。しかし、彼らが中毒に陥って、妄想にさいなまれたり、暴力をふるったりしたという話は聞かない。それは伝統的にコカの葉とつきあうための文化を育て上げてきた社会と、そうでない社会のちがいといえるのかもしれない。

5-8　麦角と聖アントニウスの火

中世ヨーロッパで、ペストやコレラとならんで、原因不明の病気として恐れられた奇病がある。突然、手足がしびれ、全身がけいれんし、そのうち指先が火で焼かれたように黒ずんで、やがてちぎれて落ちてしまうという恐ろしい病気だった。

四肢が焼けこげるようになることから、この病気は神の下した聖なる火によってもたらされたと考えられた。患者は罪をあがなうために、フランス南東部、現在のイゼール県にあった聖アントニウス教会に巡礼するようになった。聖アントニウス自身、この病気にかかって足を失いながらも、長生きしたという故事にあやかったのである。不思議なことに、巡礼を続け、聖アントニウス教会に近づくと、患者たちの症状は軽減したという。このことから、この奇病は「聖アントニウスの火」と呼ばれるようになった。

あとになってこの病気の原因は、当時の人びとが常食していたライ麦と関係していることが明らかになった。天候不順などのために生長のよくないライ麦には麦角《ばっかく》というカビが寄生することがある。このカビは穂に菌核を形成して、穂の間から角が生えたような形をしているため麦角の名がある。この麦角こそ、奇病の原因であった。巡礼に出かけると症状が軽くなるのは、麦角に汚染されたライ麦パンを口にしなくなるためと考えられる。

麦角の存在は古代から知られていた。紀元前600年のアッシリアの古文書にもすでに「穀粒に付着する小結節は有毒である」という記述がある。だが、ヨーロッパにおける「聖アントニウスの火」がこの麦角によるものと判明したのは17世紀のことであった。

麦角に含まれている毒は「バッカクアルカロイド」と呼ばれ、体内にはいると、血管平滑筋を収縮させる作用がある。このため末梢血管の血液循環が悪くなって壊疽《えそ》を引き起こすのである。一方で、19世紀になるまで、ヨーロッパでは麦角のこの性質を利用して、子宮平滑筋を収縮させ、分娩を促す目的に用いていた。

しかし、麦角には、もう一つの作用があった。それは神経に作用して、幻覚や精神錯乱を引き起こすというものであった。ここから開発されたのが1960年代のアメリカの若者を熱狂と陶酔の渦に巻き込んだ幻覚剤LSDである。

５－９　ＬＳＤの誕生

ＬＳＤは１９３８年、スイスの製薬会社サンド社にいたアルバート・ホフマン博士によって生みだされた。とはいえ、博士は幻覚剤の開発をめざしていたわけではなく、当初の目的は麦角を用いた分娩促進剤の開発だった。研究の過程で、博士は、バッカクアルカロイドのエルゴタミンからリゼルグ酸ジエチルアミドという新しい化合物を合成することに成功した。彼は、この物質を、そのドイツ語名の頭文字L(yserg)－s(äure)－d(iäthylamid)と、サンド社のS、そして25番目の物質であることを示す25の数字を入れて、ＬＳＤ25と命名した。

ところが、会社はこの試薬に興味を示さず、ＬＳＤ25は5年あまりも放置されていた。１９４３年、博士はもう一度、この物質を検討しようとして取り出した。すると、奇妙なことに、彼は突然めまいを覚え、酒に酔ったような気持ちの中で、鮮やかな色彩や形にあふれた万華鏡のような幻覚に襲われたのだった。そんな状態が2時間あまり続いた。博士は、この鮮明な幻覚がＬＳＤによってもたらされたことを知った。

ＬＳＤの持つ向精神薬としての作用は、統合失調症の患者の世界を再現したり、患者の脳内のメカニズムの研究に役立つのではないかと、ホフマン博士は考えた。しかし、ＬＳＤをだれより熱狂的に歓迎したのは、研究者よりもむしろ若者や芸術家たちだった。のちに、この薬物がもたらす幻覚体験を芸術創造のヒントとして利用する「サイケデリック」と呼ばれるアート運動さえ生まれた。

ＬＳＤは神経伝達物質のセロトニンの働きを抑制する。その幻覚喚起作用は極めて強く、体重１キログラムあたり０・５マイクログラム程度の服用によって、精神状態に変化をもたらし、色彩に満ちた幻覚が数時間にわたって持続する。音が映像となって展開したりすることもあり、極めてクリアな幻覚体験が得られる。禁断症状もほとんどなく、服用後短時間でその成分は代謝され、脳にも影響を残さないといわれている。ただし、服用する際の環境や精神状態に、その体験は強い影響を受ける。精神的に落ちつかない状態でＬＳＤを使用すると、バッドトリップ*になる場合もある。

１９５０年代にＬＳＤはＣＩＡを通じて、アメリカにもたらされる。当初は自白剤の開発のために研究が進められたが、ＬＳＤのもたらす効果が予想できないため研究は暗礁に乗り上げる。

だが、１９６０年代に入ると、別な側面からＬＳＤに関心を示した人物が現れた。当時ハーバード大学心理学教室教授だったティモシー・レアリーが、ＬＳＤを意識を覚醒させるための薬として絶賛したのだ。多くの若者や芸術家がＬＳＤの虜《とりこ》になり、ヒッピー文化やカウンターカルチャーに多大な影響を与えた。ＬＳＤには、ヘロインやコカインのような中毒性はないといわれている。しかし、ＬＳＤ服用中の幻覚のせいで交通事故にあったり、飛び降りたりという危険はある。また、ＬＳＤが反社会的な若者の活動と結びついているということで、アメリカ政府は１９６７年ＬＳＤの使用を禁止した。日本でも１９７０年に麻薬に指定されている。

しかし、一方でＬＳＤがもたらした芸術的貢献を見直し、精神病の治療も含めて、その正しい使用法を検討しようという主張もある。２００６年には、ＬＳＤの発見者であるホフマン博士の１００歳の誕生日を祝して、スイスのバーゼルに２０００人近い研究者やアーティストが集まり、ＬＳＤについての国際シンポジウムが開かれた。それから2年後の２００８年4月29日、博士は１０２歳の生涯を終えた。

＊バッドトリップ　麻薬を服用すると、精神が幻覚を伴う高揚状態になり、これを「トリップ」と呼ぶが、多幸感や気分のよい浮遊感をもたらす場合（グッドトリップ）と、逆に不安や抑うつをもたらす場合がある。後者がバッドトリップ。

5―10 ペヨーテとメスカリン

ペヨーテはメキシコ中部からテキサス州南部にかけて自生する、トゲのないずんぐりした小さなサボテンである。その先端部の果肉には幻覚をもたらす成分が含まれていることから、古代からアメリカ先住民の間では神聖視され、宗教儀式や病気の治療などに使われてきた。

ペヨーテが知られるきっかけとなったのは、1960年代後半、アメリカの人類学者カルロス・カスタネダが、著書『ドン・ファンの教え』において、ペヨーテ・セレモニーの経験を記したことだった。ペヨーテを食べたときにもたらされるヴィジョンを「教え」として受けとり、そこから知恵を引き出す。それは当時のカウンターカルチャーやニューエイジ運動に大きな影響を与え、ペヨーテはLSDとともに注目されるようになった。

カスタネダの記述と共通する儀礼を伝えているのは、中央メキシコ西部に暮らす先住民ウィチョルである。ウィチョルの人びとは、マラカメと呼ばれるシャーマンに導かれて、何日もかけて遠方の聖地までペヨーテを採集する旅に出かける。そこで採ったペヨーテをみなで食べる。ペヨーテには強い苦みがあり、嘔吐することもある。やがてみなは変性意識状態に入り、マラカメが儀礼の歌をうたう。ウィチョルにとってペヨーテは神と交信するのに欠かせない神聖な存在であり、いまなおウィチョルの文化の精神的支柱をなしている。

ペヨーテには30種類以上のアルカロイドが含まれているが、その主成分はメスカリンである。メスカリンは神経伝達物質のノルアドレナリンと似た構造を持ち、LSDに似た視覚的幻覚喚起作用がある。ただし、その効力はLSDに比べると、わずか4000分の1と小さい。少量では陶酔感や多幸感がもたらされるが、大量に服用すると、不安感や恐怖感が引き起こされることもある。

作家のオルダス・ハクスリーは400ミリグラムのメスカリンを服用したときの体験を記している。ハクスリーは、メスカリンを飲んでしばらくすると、視界の中に金色の光が踊るのを感じ、やがて空間や時間の感覚が消えていくのを感じたという。

「私もこの薬を服めば、少なくとも数時間の間は、ブレイクやラッセルが描いているような内面の別世界が、心の中に開けてくるに違いない、と信じていた。しかし……メスカリンは私の心の中にヴィジョンの世界という別世界をもたらすものではなく、私の外部の世界、眼を開けて見る普通の世界の中に、通常時とは違った一つの別世界

を出現させるものであった」（『知覚の扉・天国と地獄』今村光一訳）

結局、薬物がもたらす世界が天国なのか、地獄なのかを決めるのは、その人自身の経験や置かれている文化による。アメリカ先住民には、その体験を宗教的に意味づける文化が存在するが、気晴らしのためにペヨーテやメスカリンを使用する人には、その体験を位置づけるための文脈がない。そのため、ただの快楽追求に陥りやすいのである。

ペヨーテやメスカリンの所持や使用はアメリカでも法律によって規制されている。しかし、アメリカ先住民による「ネイティブアメリカンチャーチ」の儀式に際してだけはペヨーテの使用が法的に認可されている。

２００５年、ハーバード大学のジョン・ハルパーン博士が行った研究結果によると、ペヨーテについては、数カ月ないし数年間にわたって使用したとしても脳に損傷を与えないことが示唆されたという。

5－11　大麻とマリファナ

大麻はアサ属アサ科の一年草で、もともとは中央アジアや中東が原産とされている。その繊維は大変丈夫で、衣服からバッグやロープなどの原料として利用されてきた。大麻の葉を乾燥させたものがマリファナであり、その花穂からとれる樹液をかためて樹脂にしたものがハシシュと呼ばれ、いずれも古くから幻覚剤として用いられてきた歴史がある。

大麻についての最も古い記録の一つは、ギリシアの歴史家ヘロドトスによるものである。その著書『歴史』の中で、ヘロドトスはスキタイ地方における大麻の使用について触れている。また、マルコ・ポーロの『東方見聞録』には、イランの山中に壮麗な宮殿を築いた「山の老人」が、若者を暗殺者に仕立て上げる際、ハシシュを用いて天国の幻想を見せたことが記されている。

ほとんどの幻覚性植物の成分はアルカロイドだが、大麻の幻覚作用はアルカロイドによるものではない。その有効成分はテトラヒドロカンナビノール（ＴＨＣ）と呼ばれる物質である。ＴＨＣは脳内の海馬や小脳などに作用して、リラックスや多幸感、視覚・聴覚の鋭敏化、時間や空間の感覚の変化などをもたらす。音楽によって映像イメージが喚起されたり、身体の浮遊感が得られることもある。

このような大麻のもたらす精神作用に注目が集まり、19世紀のヨーロッパでは、不安の緩和や催眠のために大麻は医薬品として処方されていた。ところが、20世紀になるとアメリカでは大麻の使用を禁じる法律がのきなみ制定され、以後、大麻は社会悪として糾弾されるようになっていった。日本でも大麻は所持・使用ともに禁止されている。ヨーロッパではオランダやドイツなど、制限付きで大麻が合法化されているところもある。

大麻はヘロインやコカインやアルコールに比べて有害性が少なく、習慣性や禁断症状もほとんどないといわれる。アルコール中毒やニコチン中毒のほうが生命にかかわるのに、これらは禁止されず大麻だけが禁止されているのは納得できないという意見も少なくない。

ただ、一方でTHCによって攻撃行動が誘発されるという実験結果もある。集団飼育のラットに、THCを体重1キログラム当たり毎日6ミリグラムずつ30日間にわたって与え続けると、17日後に情動反応が変化し、攻撃行動が観察されるようになったというのである。この行動は長期にわたって観察され、集団ではいったん消失したかに思われる攻撃反応が、個体を隔離すると再発する傾向も観察されている。また、大麻を常用することによって耐性ができ、回数・用量が増加することも確かめられている。薬理学的な観点から見ると、大麻がまったく無害とはいいきれない。

一方で、欧米の一部の国々では医療大麻の使用が認められている。医療大麻とは、大麻に含まれるＴＨＣをはじめとしたカンナビノイド（大麻に含まれる化学物質の総称）や、それに構造が類似した合成カンナビノイドを用いた生薬療法である。カンナビノイドの薬理作用は、不安やうつ症状、多発性硬化症、糖尿病、アルツハイマー、がんによる疼痛、がん細胞の増殖、緑内障など、さまざまな疾患に効果があるといわれている。アメリカでは、標準的な抗けいれん薬が効かない「難治性てんかん」の小児患者に大麻による治療が行われ効果を上げている（日本では「大麻取締法」があるため医療目的であっても大麻の使用は認められていない）。

麻薬の法的取り締まりは、薬理作用だけでなく、その国の文化や歴史、さらに反政府組織の資金源となっているかどうかなどの社会背景にもかかわっている。いちがいに健康に害のあるなしだけで判断するわけにはいかないところが、麻薬問題のむずかしいところである。

5―12 覚せい剤の恐怖

世界中で麻薬をめぐる犯罪はとどまるところを知らない。それは麻薬の密輸や密売が巨額の利益をもたらすためである。日本でも覚せい剤の密売は暴力団にとって最大の資金源である。

俗にシャブ中などといわれる覚せい剤の中毒は、極めて悲惨である。覚せい剤の乱用によってひとたび幻覚や妄想が現れるようになると、その後、覚せい剤の使用をやめても、フラッシュバックと呼ばれる幻覚の再現が起こりやすくなる。身体的依存や精神的依存も強く、覚せい剤が切れると、耐えがたい倦怠感に襲われ、覚せい剤を手に入れるためには暴力や犯罪も辞さないという精神状態に陥ってしまうのである。

覚せい剤取締法で規制されている主な薬物は、アンフェタミンとメタンフェタミンだが、日本に出回っている覚せい剤のほとんどはメタンフェタミンである。これはかつてシャブ、ヒロポンなどの名で呼ばれていたが、現在ではスピード、アイス、エスといった名前で出回っている。

覚せい剤は中枢神経を興奮させる作用があり、ドーパミンの放出を促して、文字ど

脳内物質と覚醒剤

アンフェタミン

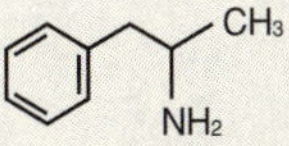

メタンフェタミン

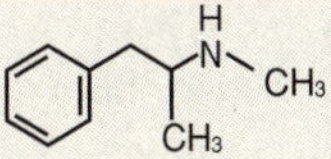

ドーパミン

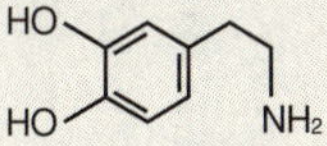

脳内神経伝達物質

覚醒剤のアンフェタミンやメタンフェタミンは脳内神経伝達物質のドーパミンやセロトニンと部分的に類似した構造を持ち、同様の神経作用を発揮する。しかも、脳の毛細血管に存在する血液・脳関門をやすやすと通過し、脳内に侵入する。

ノルアドレナリン

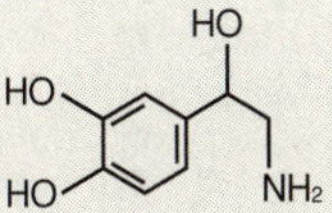

交感神経伝達物質

セロトニン（5-HT）

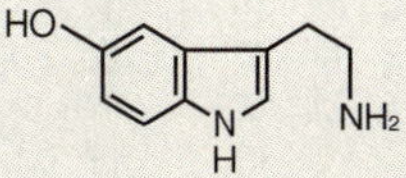

おり気分をすっきり覚醒させる。また、食欲を抑える効果があることから、最近ではダイエットに覚せい剤を使用するという若い女性もいる。やせることはできても、重度の覚せい剤中毒者になってしまうのでは元も子もない。

覚せい剤は連用しているうちに耐性ができるため、徐々にその量を増やさなくては効かなくなる。また、効き目が切れたあとには極度な疲労感や不安、混乱が一気にやってきて、頭痛や動悸、めまいなどを伴うことが多い。大量に使用すると、意識障害や幻覚、妄想などを引き起こす。

だが、なんといっても恐ろしいのは、やはりその強い依存性である。覚せい剤に手を出した人の多くが、覚せい剤をやめたいと思いながらも、なかなかやめられないのも、そのためである。たとえ一度はやめることができても、またいつフラッシュバックが起きはしないかという恐怖を一生抱えなくてはならないのである。特に近年は、覚せい剤乱用者の低年齢化が深刻な問題となっている。

ちなみに覚せい剤の末端価格は1グラム約7万円（平成25年現在）といわれる。実に金の価格のおよそ15倍である。警察による1年間の覚せい剤押収量は、この数年400キログラム前後で推移しているが、これは単純計算しても末端価格にして約300億円に達する。覚せい剤の密造・密売がなかなかなくならないわけである。

第6章　毒の事件簿

6-1　希代の毒殺魔ブランヴィリエ侯爵夫人

ヨーロッパの毒殺の歴史の中でも、とりわけスキャンダラスな香りに包まれた毒殺魔といえば、まずブランヴィリエ侯爵夫人の名が挙がるだろう。彼女は、太陽王ルイ14世が君臨した17世紀のパリを恐怖に陥れた名高い毒婦である。毒の魅力にとりつかれた彼女の犠牲になった人びとは、100人以上にのぼるといわれる。

のちのブランヴィリエ侯爵夫人、マリー・マドレーヌ・ドブレは1630年、パリの名門貴族の娘として生まれた。高い身分とめぐまれた経済環境、そして類い稀な美貌をあわせもっていたマリーだったが、子供の頃から自らの欲望を抑えることのできない、奔放な性格だった。とりわけ性的には放縦で、十代のときから、2人の弟たちと肉体関係を持っていたという。

マリーは21歳でブランヴィリエ侯と結婚するが、夫はギャンブルと女にうつつを抜かしていた。一方、マリーも生来の男あさりの癖がぬけず、やがて若い軍人サント・クロワと公然の愛人関係になる。これに腹を立てたマリーの父親は、サント・クロワを逮捕させ、バスティーユ監獄に投獄してしまう。ところが、サント・クロワは獄中でイタリアの毒殺犯罪者と知り合い、亜砒酸を用いた毒薬の調合法を学ぶ。そして6週間後に釈放された愛人は、マリーのもとに戻ると、口うるさい父親を毒殺しようという計画を持ちかける。

毒殺計画に賛成したマリーは、調合した毒の威力を試すためにパリの慈善病院を慰問し、患者に毒入りの菓子をふるまう。効果はてきめんで50人以上が命を落とした。毒薬の効き目を確認したマリーと愛人は、次に父親を同じ手で毒殺する。毒殺のとりこになったマリーは、さらに遺産を一人占めするために、兄弟姉妹にも次々と毒を盛っていった。その矛先は、さらに自分の夫であるブランヴィリエ侯にも向けられた。

しかし、愛人のサント・クロワはブランヴィリエ侯の毒殺には反対だった。侯が殺されたら、次は自分の番ではないかと怖れていたのではともいわれているが真相はわからない。そのうちに、マリーとサント・クロワの仲が険悪になりはじめ、その後まもなくサント・クロワその人が謎の死を遂げた。毒物の調合中に死んだとされるが、マリーに毒殺されたという説もある。

サント・クロワの遺品からマリーの犯行を裏付ける証拠が見つかり、彼女は逮捕される。マリーは過酷な拷問を受け、とうとう自分の罪を自白する。1676年7月、侯爵夫人はパリの広場で斬首に処され、その遺骸はすっかり灰になるまで焼却された。

6-2 ナポレオン暗殺の謎

フランスの英雄ナポレオンが、流刑先のセント・ヘレナ島で一生を終えたのは1821年のことである。しかし、その死因については、いまだに論議の的になっている。それは当時、ナポレオンの側近であったルイ・マルシャンの日記が、その死から150年たった1955年に発表されたことがきっかけだった。マルシャンの日記を読んだスウェーデンの医師フォーシューフットは、これまで胃ガンとされていたナポレオンの病状に亜砒酸による中毒症状らしきものが見られることに気がついた。さらにグラスゴー大学のスミスは、ナポレオンの遺髪から高濃度の砒素が検出されたことを報告した。このことからナポレオンの毒殺説が急浮上することになった。

これには強い反論もあったが、さらに詳しく調べたところ、ナポレオンの毛髪に含まれる砒素の含有量が、病状の悪化とともに増えていることが観察され、ナポレオンの毒殺説は強い信憑性を帯びることになった。2001年にも、フランスの法医学者によるナポレオンの毛髪の再鑑定が行われた。その結果、砒素が毛髪の中心部に達していることから、砒素が口から摂取されたものであるとされた。

しかし、その一方で、砒素がナポレオンの毛髪から発見されたのは、当時ワイン用の樽などを微量の砒素で消毒していたためだとして、毒殺説を否定する学者もいる。また、仮に、砒素が経口で摂取されたとすれば、通常は皮膚の色素沈着と*角化症が発症するはずなのに、ナポレオンにはこれらの症状は見られないという指摘もある。そのほかの諸症状も胃ガンによるものと考えて差し支えないという意見もある。いまだに論争は決着を見ていない。

では、仮にナポレオンが毒殺されたとして、その犯人はだれなのだろうか。これにも、さまざまな説があるが有力なのは、ナポレオンの側近であったモントロン伯爵説である。指示を出したのは、ナポレオンの政敵でのちにシャルル10世となったダルトワ伯爵だったともいわれる。また、モントロン伯爵の妻が、ナポレオンの愛人となって、ナポレオンの子を妊娠したことへの伯爵の嫉妬が動機だったともいわれる。

だが、暗殺者の嫌疑をかけられているモントロンの夫人の遺髪からも高濃度の砒素が検出されていることから、砒素は環境に由来したものではないかという見方もある。ナポレオンが砒素中毒にかかっていたことは確かだが、それが人為的に盛られたものかどうか、それが直接の死因かどうかについては、いまだ確証がないといえる。

2008年、イタリアの国立核物理学研究所がこの謎に挑んだ。ナポレオンや、妻のジョセフィーヌや息子、それに同時代の人びとの毛髪を比較分析したところ、いずれからも現代人の100倍以上という高濃度の砒素が検出されたのである。当時の人びとはワインや食事から現代人よりはるかに多い砒素を恒常的に摂取していたようなのだ。だが、それは砒素中毒を起こすほどの量ではなく、ナポレオンも砒素中毒が原因で死んだとは考えられないと研究チームは結論づけた。

では、ナポレオンの死因は何だったのか。2009年、ナポレオンの病歴を長年研究してきたデンマークの元医師が、死因は慢性的な腎疾患によるものという説を唱えた。元医師は、当時の診断書や解剖報告書から、ナポレオンが若い頃から慢性的な膀胱の感染症や腎臓病、閉塞性腎疾患などに悩まされており、これらの合併症が死につながったと主張した。しかし、いまだに真相は明らかではない。

＊角化症　皮膚の表皮の角質層が、分厚くかたくなり、ひびわれたりする。本来、角化は、外からの刺激から体を守るための皮膚の防衛反応である。

6-3　タリウムと母親殺人未遂事件

毒という言葉を聞いて、多くの人がすぐに思い浮かべるのは、毒を用いた忌まわしい事件かもしれない。トリカブトを用いた殺人事件、地下鉄サリン事件、毒入りカレー事件など、毒を殺人の手段に用いた事件には、枚挙にいとまがない。

刃物などを用いた殺人以上に、毒殺事件にメディアが注目するのは、そこに犯人の特殊な性向や、心理的なゆがみが投影されがちだからである。毒殺は犯行に至るまでに周到な準備が必要である。毒物についての化学的な知識も不可欠だ。また、毒殺犯人の中には、毒物に対する異常な愛着がみられることも少なくない。毒物による犯罪からは、そうした人間心理の影の面が垣間みえてくる。

2005年、静岡の女子高校生が、自分の母親にタリウムを与えて、毒殺しようとした事件は、普通の感覚からすれば衝撃的というほかない。激しい憎悪や怒りではなく、一見淡々とした科学的探求心から母親にタリウムを与えたとみえる点で、極めて異常な事件だった。

女子生徒は自宅の近くの薬局でタリウムを購入している。劇物扱いのタリウムは18

歳未満への販売を禁止されているが、女子生徒は「化学の実験に使う」といった理由を挙げ、粉末の酢酸タリウムを手に入れた。その後、母親の飲食物に少量ずつタリウムを混入させて、その衰弱していくプロセスを冷静に観察していたのである。

この女子生徒は中学生のころから化学が好きで、卒業文集にも「趣味は化学実験、人の行動を観察すること」と書いている。日記にも、「指先とか脚とかが痺《しび》れてきたので、解毒剤を作りました。タリウム中毒の治療はプルシアンブルーと塩化カリウムの経口投与によって行なわれます」など化学的な内容が目立つ。実際、プルシアンブルーは腸管内でタリウムと結合して、その吸収を抑制する作用があり、塩化カリウムの投与はタリウムの排泄を促す。

この事件で注目されたのは、少女が英国の毒殺魔グレアム・ヤング（1947―90）に傾倒していた点であった。グレアム・ヤングは14歳で義母を毒殺し、その後も同僚にタリウムを盛って、その死に至るまでのプロセスを克明に記録するなどした異常犯罪者である。

女子生徒の犯行はタリウムを用いた点、そして死ぬまでのプロセスを観察していた点で、グレアム・ヤングの手口にそっくりであった。

6－4　グレアム・ヤング事件

イギリスのグレアム・ヤングの犯行は、タリウムによる犯罪の中でも最も有名なものである。1947年生まれのグレアム・ヤングは子どものころから毒物が人体に及ぼす影響に関心を抱いていた。13歳のころにはすでに薬局でアンチモンなどの毒物を少量ずつ手に入れ、それを家族に投与して、その反応を観察していた。その後、学校の理科実験室に出入りするようになったグレアムは、化学実験で使用する毒物を自由に手に入れられるようになった。

14歳のときには、仲の悪かった継母が原因不明の病気で亡くなった。父親や姉も激しい痛みや嘔吐にしばしば襲われた。彼の周りで次々と起きる事件への不審感から、警察は彼の部屋を調べたところ、アンチモンやタリウムをはじめ大量の毒物が発見され、グレアム・ヤングは逮捕された。のちに精神病院に収容されたグレアムは、そこでも患者に毒を盛った。

9年後、退院したグレアムはタリウムを手に入れるために写真工場に勤める。タリウムはレンズの製造過程で用いられるからである。ここで彼は同僚2人をタリウムによって殺害している。恨みを抱いていたわけではなく、むしろグレアムをかわいがってくれた同僚であったが、彼にとってはタリウムの実験台にすぎなかった。

調査にあたった法医学者は、死んだ2人の症状がアガサ・クリスティーの『蒼ざめた馬』に登場するタリウムの被害者の症状に酷似していることに気づく。そこで捜査の結果、グレアム・ヤングが容疑者として浮かんできた。彼の部屋から、毒物や化学の実験道具、そしていわば「毒殺日記」ともいうべき毒物投与の記録が発見され、グレアム・ヤングは逮捕された。

その内容は学術論文さながらに詳細なものであった。グレアム・ヤングは終身刑を言い渡されるが、その後、獄中で心臓発作を起こし42歳で亡くなった。

６－５　トリカブト殺人事件

１９８６年５月、一組の夫婦が新婚旅行で沖縄を訪れていた。２人は那覇のホテルで１泊した後、新妻は東京からやってきた女友だちと一緒に石垣島へと飛び立った。夫は仕事のために、彼女たちを見送った後、大阪に戻った。

新妻と女友だちは石垣島に到着し、ホテルにチェックインした。ところが、その直後、妻は激しい吐き気と嘔吐に襲われ、腹痛や手足の麻痺などを訴えた。救急車で病院に搬送中、彼女は心肺停止に陥り、病院に到着後まもなく死亡した。解剖の結果、死因は急性心筋梗塞とされた。

ところが、マスコミはこの事件に不審を抱いた。調べによると、夫には過去２人の妻がいて、いずれも若くして急性の心不全で亡くなっていた。また、妻には受取人を夫にした１億８５００万円の生命保険がかけられていたことも明らかになってきた。

その後、医師の調査から、亡くなった妻の血液からトリカブトに含まれる有毒成分であるアコニチンが検出された。これまではっきりしなかった心不全の原因がトリカブト中毒によるものと結論されたのである。マスコミは一斉にこの疑惑をとりあげ、

トリカブトの毒とフグ毒の同時投与

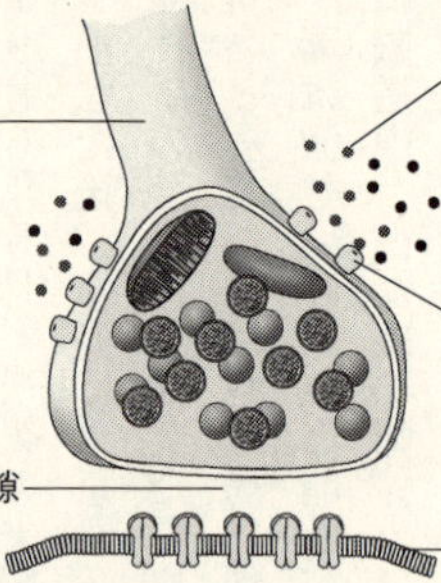

フグ毒のテトロドトキシンとトリカブトのアコニチンは、神経細胞のナトリウムチャンネルに対して、互いに逆の作用をする。テトロドトキシンはチャンネルを閉じようとし、アコニチンはチャンネルを開けっぱなしにしようとする。テトロドトキシンがアコニチンの作用を遅らせてしまうことも考えられる。

ついにはその入手経路までが明らかにされた。警察は、夫を会社の横領容疑という別件で逮捕し、トリカブト殺人の疑惑を追及した。そして、彼が高山植物の販売店から62鉢ものトリカブトを購入していた事実が判明したのである。

だが、夫はアリバイを主張した。トリカブトの毒には即効性がある、もし自分が妻にトリカブトの毒を飲ませたのであれば、その場で妻は死んでしまうはずだ。しかし、妻が中毒症状を起こしたのは、自分と別れて1時間半後、飛行機で石垣島に着いてからである、自分が妻を殺せるはずがない、と主張したのである。

しかし、捜査が進むうちに、さらに興味深いことが明らかになった。容疑者は事件の2年前から猛毒を持つクサフグを業者から大量に購入していたことがわかったのだ。また、自宅のアパートにトリカブトやフグ、マウスを集め、薬局から購入したさまざまな薬品を使って毒の抽出と動物実験を繰り返していたことも明らかになった。そこで妻の血液をあらためて鑑定してみると、果たして血中からはトリカブトのアコニチンとは別に、フグ毒の成分であるテトロドトキシンも検出されたのである。

これはどういうことか。実は、フグ毒のテトロドトキシンと、トリカブトのアコニチンとは互いに拮抗しあう関係にある。テトロドトキシンは、アコニチンとは逆に神経細胞のナトリウムチャンネルを遮断する作用がある。このため、アコニチンとテトロドトキシンが一緒に投与されると、テトロドトキシンはナトリウムチャンネルを開放しようとするアコニチンの働きを邪魔する。この現象によって、アコニチンが神経に作用する時間が遅れたのではないかと考えられた。

実際のところ、アコニチンとテトロドトキシンの分量の組み合わせによってアコニチンの作用する時間を遅らせるのは、かなりむずかしいはずである。その分量の組み合わせを、犯人は動物実験によって割り出したのかもしれないが、結果的に、その目的は達せられた。

しかし、そのメカニズムも突き止められ、1994年、東京地裁は夫に無期懲役の判決を下した。2000年2月、最高裁が上告を棄却したため、無期懲役が確定した。夫は服役中の2012年に病死した。

6－6　毒入りカレー事件

１９９８年に和歌山で起きた毒入りカレー事件は、平穏な市民生活を一気に地獄へと引きずり込んだテロともいってよい事件だった。

夏祭りの参加者にふるまうために作られたカレーの中に混入された亜砒酸のために、カレーを食べた67人が中毒症状を起こし、４人が死亡した。

しかし、この事件は当初、腐敗したカレーによる集団食中毒と見なされていた。そのため症状を訴えた患者たちに与えられたのは吐き気止めや、抗生物質であった。しかし、当然ながら、患者たちの症状は改善されず、ついには子どもを含めて死者まで出てしまった。

この事件が毒物の混入によるものらしいと発表されたのは事件の翌日だった。吐瀉《としゃ》物から青酸化合物が検出されたとして、最初、警察は毒物の正体は青酸化合物と発表した。ところが、その後、医療関係者から青酸化合物にしては被害者の症状や、死亡時刻に疑問が残るということで、あらためて調査をやり直したところ、被害者の胃の内容物や尿、食べ残しのカレーから亜砒酸が検出されたのであった。すでに、事件発生から1週間以上が経過していた。

どうして、原因物質である亜砒酸の特定が、これほど遅れたのだろうか。

一つの理由は、毒物による無差別殺人という可能性を、当初、警察や医療関係者が想像できなかったことにあるだろう。また、たとえ毒物であったにしても、一般の医療関係者の場合、その中毒症状に接する機会はめったにない。これらの条件が重なって、亜砒酸による中毒という真相の判明が遅れたのである。

亜砒酸を摂取すれば、コレラのような激しい下痢と嘔吐を引き起こす。重症になると激しい脱水及びショック症状を起こし、けいれんを伴い、死に至ることもある。はじめから毒物中毒と想定できていれば、症状に対する考え方が変わり、治療法の選択もちがってきたと思われる。

事件発生後すぐに、この中毒が単なる食中毒ではなく毒物によるものと疑っていたら、速やかに胃洗浄などの、毒物による中毒症状に対する応急措置をとることも可能だったはずである。そうすれば、4人もの命がむざむざ失われることもなかったかもしれない。

6-7　地下鉄サリン事件

オウム真理教がサリンの量産計画に踏み出したのは1993年である。上九一色村《かみくいしきむら》の第7サティアンにサリン製造用のプラントが造られ、ここで当初70トンのサリンを製造するという計画だった。翌94年、オウム真理教が関わっている土地売買をめぐる訴訟問題を攪乱するために、教団は松本裁判所にサリンをまく計画を立ち上げた。その予備実験として、松本市の住宅街にサリンを噴霧することにした。こうして起こったのが松本サリン事件であった。

その翌年の1995年1月、マスコミの報道で上九一色村の第7サティアン周辺で有機リン系加合物*が発見されたというニュースを聞いた教団のリーダー、麻原彰晃《あさはらしょうこう》は警察がオウム真理教の強制捜査を行うのではないかと不安にかられていた。そこで警察の注意を上九一色村からそらすために、麻原と教団幹部は、東京の地下鉄にサリンをまいて、パニックを起こそうと考えた。

1995年3月20日朝、実行犯の教団幹部ら5人は、ナイロン袋につめたサリンをもって地下鉄に乗った。そして午前8時になると、一斉に先をとがらせたビニール傘の先で袋をついて穴を開けたのちに、車両から下りて逃走した。これによって13人が死亡、6300人に上る被害者が出るという大惨事になった。

採取されたサンプルから、被害がサリンによるものであることはすぐに判明したが、そのことを知らずに現場に急行した警察や消防隊は防護服などの備えのないまま救助活動にあたったため、多くの人がサリンによる中毒にかかった。

サリンによる被害者の治療にはアトロピンとパム（オキシム剤）が使用された。サリンは、本来、神経伝達物質のアセチルコリンを分解するはずのコリンエステラーゼという酵素と結合し、その働きを阻害する。このためアセチルコリンが分解されなくなり、筋肉が収縮したまま戻らなくなってしまう。これがサリンによる中毒症状である。アトロピンは、アセチルコリンの作用を抑制する効果があり、パムには、コリンエステラーゼとサリンを分離させる作用がある。この両者の併用による治療効果は大きかった。しかし、被害者の中には、いまだにサリンによる後遺症に苦しめられている人もいる。体調は回復しても、心的外傷後ストレス障害（PTSD）に苦しんでいる被害者も多い。

＊有機リン系化合物　農薬や殺虫剤に含まれる。サリンも有機リン系化合物。

6-8　風邪薬殺人事件

2000年に埼玉県本庄市《ほんじょうし》で、保険金殺人の疑いをかけられた金融業を営む男性が、マスコミを集めて有料の記者会見を200回以上にわたって開いていた。

この男性は、保険金目当てに知り合いの女性2人と2人の男性の偽装結婚を仕組み、計10億円以上に上る保険金をだまし取ろうとした疑惑がかけられていた。

一人が不審な死を遂げ、もう一人も体調不良を訴えて入院したことから、いったんは逮捕間近と思われたものの、容疑者の男性は毎晩のように、自分の経営するスナックに記者を集めて、自分の潔白を主張する有料の会見を開いた。状況証拠からすれば、容疑者が黒であることはまちがいなかった。しかし、決め手となる証拠になかなかたどりつけなかった。

毒物による殺害であろうという見当はついていたものの、被害者の体から死因となったはずの毒物が検出されなかった。容疑者自身も、「毒はけっして出てこない」と会見の中で豪語していた。

突破口は思いがけないところにあった。金融業者の愛人の父親が、かつて飲酒をしながら風邪薬を服用したところ、肝機能障害を起こして入院したことがあった。このことからアルコールと一緒に風邪薬の成分であるアセトアミノフェン*を大量に摂取すると肝障害を起こして死亡する危険があることを容疑者らは知っていた可能性があった。入院している男性の髪の毛を調べたところ、アセトアミノフェンが検出された。アセトアミノフェンは、鎮痛解熱薬として一般の風邪薬に入っている。通常の服用なら問題はないが、一度に大量に摂取するとなると、重大な副作用が現れるのである。

2000年3月、警察は別件で金融業者ら4人を逮捕した。その後、共犯者の自供から被害者となった2人の男性には長期にわたって酒と大量のアセトアミノフェンを飲ませていたことが明らかになった。さらに、容疑者はこの事件よりさかのぼる1995年にも、偽装結婚を仕組んで、3億の保険金をかけた男性をトリカブト入りのあんパンを食べさせて殺害していたことも明らかになった。2008年、この金融業者には最高裁判決で死刑が確定した。

＊アセトアミノフェン　一般の風邪薬の中に鎮痛解熱薬として入っている成分。体内で酸化されると肝臓毒性のあるアセトアミドキノンを生成。大量に摂取すると中毒症状が現れる。

6-9　リトビネンコ暗殺事件

２００６年秋、元ＫＧＢの幹部であったロシア人、アレクサンドル・リトビネンコが亡命先のロンドンの病院で亡くなった。リトビネンコは、プーチン政権にとって不都合な情報を多く持っていたと見られ、イギリス情報当局は、犯人はロシアの情報機関によるものと発表した。さらに注目されたのは、暗殺に使われたのがポロニウム２１０という放射性物質だったことである。

ポロニウムはキュリー夫妻が発見した元素で、ポロニウム２１０はその同位体にあたる。ウランの１００億倍というきわめて強力な放射性物質であり、扱いがむずかしいうえ、その管理は国家的なセキュリティの下に置かれている。そのため入手は困難で、これまで毒殺に用いられた例はなかった。そのことからも、この事件が大がかりな国家的陰謀によるものだったことがうかがわれる。

リトビネンコがポロニウムを盛られたのは、亡くなる３週間前に訪れたロンドンのホテル内のバーだったといわれている。そこで彼が面会した３人のロシア人のうち１人が、リトビネンコの飲んでいた緑茶に水溶性の塩化ポロニウムを混入したとイギリス情報部は推理した。ポロニウムが体内に入ると、激しい嘔吐を起こし、その残りが胃から吸収されて、体内で被爆が進む。やがて免疫機能が破壊され、白血球が減少し、臓器の機能をむしばんで死に至る。哀れなリトビネンコもそのプロセスをたどった。

当初、病院は感染症と診断して抗生物質を処方したが、リトビネンコの衰弱は進む一方だった。つぎに毒物中毒が疑われタリウムが候補に挙がったが、血液中のタリウム濃度は致死量には達していなかった。だが、リトビネンコの体内で白血球が異常に減少していることが明らかになり、放射線による被曝が疑われた。その尿を核兵器研究所で分析したところ、ようやく原因がポロニウム210によるものであることが判明した。

ポロニウムによる中毒には解毒剤は存在せず、手のほどこしようがないままリトビネンコは死亡した。イギリス警察は、彼とバーで面会したアンドレイ・ルゴボイを犯人として告発し、身柄引き渡しを求めたが、ロシア政府はこれを拒否し、事件への関与も否定。イギリスの独立調査委員会は2016年に出した最終報告書の中で「FSB（ロシア連邦保安庁）による組織的犯行」と結論したが、ロシア側は「報告書は政治的な意図を持ったでっち上げ」と反論。主張は平行線のまま、真相はいまだに明らかになっていない。

第7章 毒と生物の進化

7－1　地球を汚染した毒——酸素

毒とは特定の化学物質をさすわけではない。人体にとって有害な作用を及ぼす物質は、すべて毒である。人間でなくても、さまざまな生命体に対して有害な作用を与えるものも毒と見なされる。つまり、生命がいなければ毒も存在しない。毒という概念は地球に生命が誕生してから生まれたのである。

生命はおよそ38億年前に誕生した。といっても、そのころの地球は生命にとって、けっしてやさしい環境ではなかった。なかでも太陽から降りそそぐ紫外線はDNAを損傷させる恐ろしい毒だった。このため原始的な生命であるバクテリアは紫外線を吸収する海の中にくらしていた。大気は二酸化炭素で占められ、酸素はまだ存在しておらず、生命は海中のわずかな有機物を分解してエネルギーを生みだしていた。ただし、嫌気呼吸というこの方法はエネルギー効率が悪かった。

ところが、およそ32億年前、生命は嫌気呼吸に代わる新たなエネルギー合成の仕組みを発明する。光合成である。シアノバクテリアという細菌が太陽光を用いて、二酸化炭素と水を化学反応させてエネルギーとなる糖を生みだす方法を編みだしたのである。シアノバクテリアは葉緑体の原型であり、のちの植物の祖先といっていい。

光合成によって得られるエネルギーは莫大で、シアノバクテリアは爆発的に繁殖していくと同時に、それまで地球にほとんど存在しなかった物質を生み出した。光合成の廃棄物として生まれる酸素である。

シアノバクテリアの分泌物によってつくられた炭酸塩岩のストロマトライト。32億年前に地球に誕生したシアノバクテリアは、いまなお西オーストラリアのシャークベイなど限られた地域で酸素を生みだしつづけている。

いまでこそ酸素というと、疲労回復を助けてくれるヘルシーなイメージがある。しかし、酸素のない環境でくらしていた当時の生物にとって酸素は健康的どころか「酸化」をもたらす猛毒にほかならなかった。反応性の高い酸素は、DNAを傷つけ、金属のような物質さえも錆で腐食させてしまう。増殖したシアノバクテリアによる大量の酸素の放出は、地球最初の環境汚染だった。嫌気性の生物は酸素の少ない場所を求めて逃げていった。

一方、シアノバクテリア自身は、みずか

らの排泄物である酸素に冒されないような仕組みをもっていたといわれる。

当時の海水には、いまよりもはるかに大量の鉄が溶け込んでいた。このため放出された酸素は鉄を数億年かけて酸化させ、海底に酸化鉄の分厚い鉱床をつくりあげた。海水中の鉄がほぼ消費されてしまうと、飽和量に達した酸素は海上へと大気中へと放出されていった。酸素による汚染は海中だけでなく、大気中へと広がっていったのである。20億年前の大気中の酸素濃度は、現在の20倍以上ともいわれている。

7―2　オゾン層が生命の上陸を可能にした

シアノバクテリアによって放出された大量の酸素は、ほとんどの原始的な生命にとっては有害な汚染にほかならなかった。しかし大気中の酸素量が増えたことで地球環境に大きな変化が起こった。酸素は紫外線があたるとオゾンという物質に変化する。地球に降りそそいでいた大量の紫外線が、成層圏に達した酸素をオゾンに変化させたのである。こうして約5億年前までには地球の大気圏の上層にオゾン層が形成された。それまでは紫外線の直射のせいで地上では生命は生きられなかった。だが、オゾン層が形成されたことによって、生命が海中から地上へと進出できる条件がととのったのである。

生物の側にも大きな変化が起きていた。すべての生物が酸素という猛毒の前で、ただ絶滅を待っていたわけではなかった。20億年ほど前に、この酸素をとりいれて有機物を分解してエネルギーを生みだすバクテリアが出現する。これは現在のミトコンドリアの祖先にあたる。

酸素は毒性もつよいが、きわめて反応性が高い。そのため酸素を用いることによって、嫌気呼吸にくらべて20倍ともいわれる爆発的なエネルギーを得られる。このバクテリア（のちのミトコンドリア）が単細胞の原始真核生物の中に入り込んで共生することによって、猛毒であった酸素を逆に生存のために利用できるようになった。この生物が、自分で食べものを求めて動きまわる動物へと進化する。一方、ミトコンドリアとともにシアノバクテリア（のちの葉緑体）を共生させた原始真核生物もいた。こちらは植物へと進化していく。動物と植物の枝分かれは、このようにして起きた。

こうして約5億年前、オゾン層が形成されて、地上の紫外線が減少した時期、地上にシダやコケなどの植物の祖先が海から水辺へと上陸する。さらに4億年前にはヤスデのような昆虫類が地上に進出する。猛毒の環境汚染物質であった大量の酸素を利用することによって、逆に生命は繁栄をきわめることになった。一方、酸素を毒物としてしりぞけていた嫌気性の原始生物の多くは絶滅してしまった。現在残っている嫌気性生物のほとんどは細菌である。

7-3　なぜ野菜を食べなくてはならないのか？

植物にとって、太陽光の降りそそぐ地上は水中より光合成に適した環境だった。しかし、オゾン層があるとはいえ、すべての紫外線がさえぎられるわけではない。われわれにとって紫外線は日やけやシミ、シワ、老化の原因となり、皮膚ガンを引き起こす有害なものとされているが、植物にとっても同じように有害である。なぜ有害なのか。それは紫外線が生物の体内に活性酸素を発生させるからである。

活性酸素とは酸素よりさらに反応性の強い「スーパーオキシド」や「ヒドロキシルラジカル」「過酸化水素」といった酸素化合物をさす。強い毒性をもち、細胞を攻撃し、DNAを傷つける。オキシフルという消毒薬があるが、あれは濃度3パーセントの過酸化水素水である。その強烈な殺菌作用を思い出せば、活性酸素がいかに強い毒性をもつか想像がつくだろう。

自力で動けない植物は紫外線を逃れることができない。そこで体内で発生した活性酸素の影響を消すために「抗酸化物質」をつくりだす。代表的な抗酸化物質にビタミンCやビタミンEなどのビタミン類のほか、大豆に含まれるイソフラボン、ブルーベリーの色素のアントシアニン、お茶の渋み成分のカテキンなどのポリフェノール、トマトに含まれるリコピン、トウモロコシに含まれるルテインのようなカロテノイドがある。ポリフェノールやカロテノイドはファイトケミカルともよばれる。健康食品をイメージするかもしれないが、もともとは植物が自己防衛のためにつくりだした化学物質である。あらゆる植物が活性酸素対策として多様な抗酸化物質を生成している。

動物は自分で動きまわれるので、つよい紫外線を避けることもできる。それでも酸素呼吸をおこない、紫外線を浴びている以上、活性酸素の影響はまぬがれない。人間にも活性酸素を除去する酵素をつくりだす仕組みがある。しかし、植物のように強力で、バラエティに富んだ抗酸化物質を生成することはできない。そこで動物は植物を食べることでエネルギーとともに抗酸化物質を体内に取りこんで、活性酸素を除去するのである。植物を食べない肉食動物も、草食動物の体内に取りこまれた抗酸化物質を摂取することで、間接的に植物の抗酸化防御システムを取りこんでいるのである。われわれが野菜を食べなくてはならないいちばんの理由は、そこにあるのだ。

一方で、植物は活性酸素を武器として利用する術も身につけた。病原菌に感染したときに、大量の活性酸素を発生させて菌を殺すのである。病原菌を殺したあとに残った大量の活性酸素は、そのままでは自分を傷つけてしまうので、みずから生成した抗酸化物質で取り除く。

シアノバクテリアによる光合成の誕生が大量の酸素を生みだし、その猛毒の酸素が地球環境を激変させ、結果的に、生物の進化を促す原動力になった。生物は植物と動物とに枝分かれして、以後「動物が植物を食べる」という食物連鎖の中で、生物はさらに複雑な進化を遂げていく。そこでも進化を導いていくきっかけの一つは毒にあった。

7－4　植物の毒が恐竜を滅ぼした？

映画『ジュラシック・パーク』の中で、トリケラトプスが具合が悪くなって横たわっているシーンがある。現代の話なので、まわりに生えている植物は恐竜が繁栄していた時代と同じではない。そのためトリケラトプスは誤って有毒植物を食べてしまったという設定らしいのだが、これは映画だけの話ではないかもしれない。

恐竜が滅亡した原因として、今日もっとも有力な説は地球への隕石の衝突によるものだ。約6500万年前、直径10キロあまりの巨大隕石がユカタン半島に衝突。巻き上げられた粉塵と水蒸気によって太陽の光が長期にわたって地上に届かなくなり、寒冷化と食糧不足によって恐竜をはじめ多くの生物が絶滅したというのである。

巨大隕石が地球に衝突したのはまちがいない。しかし、隕石衝突のずっと前から環境の変化によって恐竜は減少していたともいう。恐竜は数千万年かけて徐々に衰退していて、最後の決定打が隕石の衝突だったという見方もある。

では、隕石衝突以前に恐竜の減少をもたらした要因は何だったのか。その一つが被子植物の登場だといわれている。恐竜の全盛期であったジュラ紀、草食恐竜の餌は古いタイプの植物である裸子植物だった。裸子植物とはシダやソテツ、イチョウ、マツなどで、その構造上、花粉が卵に到着してから受精までに1年もかかるものもある。そのため成長には時間がかかる。

ところが、約1億年前の白亜紀に登場した被子植物は花粉の到着からわずか数時間から一日という短時間で受精が完了する。風によって花粉を運ぶ裸子植物にくらべて、花を咲かせて昆虫を呼びよせて受粉を行う被子植物は成長もスピーディだった。こうして巨大な裸子植物に代わって、モクレンやキンポウゲのような成長の早い被子植物が繁殖しはじめる。化石によると、それとほぼ同じ時期から、大型の草食恐竜が急激に減りはじめていることがわかるという。

恐竜減少の原因の一つとして、被子植物の中に毒成分のアルカロイドを持つものが多かったことがあげられている。草食恐竜の中にはトリケラトプスのように被子植物を食べられるよう進化したものもいたが、被子植物は世代交代が早いため、進化も早い。そこで動物に食べられないよう毒を持った被子植物が増えていった。この毒に草食恐竜が適応できなかったのが恐竜の衰退をもたらしたというのだ。『ジュラシック・パーク』の横たわるトリケラトプスのシーンは、そんな恐竜の受難の歴史を反映しているともいえよう。

7-5　すべての植物は有毒植物？

現在の地球には裸子植物は850種。それに対して被子植物は25万種にのぼる。被子植物という生き方は地球上において圧倒的な優位を占めている。

被子植物の成功の理由は、もともと自分たちを食べにくる敵であった昆虫や鳥や草食哺乳動物との共生関係を築き上げたことにある。裸子植物のように風に花粉を運んでもらうという文字どおり風まかせなやり方ではなく、被子植物は目立ちやすい花を咲かせ、その奥に蜜を用意して、昆虫を引き寄せ、確実に花粉を運んでもらえるような戦略をとった。また、種を運んでもらうために果実をつけて鳥や動物に食べてもらい、種をばらまいてもらう。

しかし、昆虫や草食動物が自分たちを食べる敵であることには変わりがない。そこで植物も自己防衛のために進化を遂げた。その一つが毒を持つことであった。この毒が恐竜衰亡の原因をつくったといわれていることは述べたが、昆虫や動物は、恐竜とはちがう道をたどった。恐竜は被子植物の毒に適応できなかったが、昆虫や動物は逆にこの毒に適応し、進化することによって、多様化し、生きのびるチャンスを高めることになった。

ちなみに毒のある植物というと本書で取りあげたようなチョウセンアサガオやトリカブトといったものを思い浮かべるかもしれない。そうした有毒植物は日本国内ではおよそ200種ほどあるといわれている。しかし、それは人間にとって有毒なものがそのくらいあるということであって、人間以外の生きものにとって毒性を発揮する植物は数えきれない。というより、ほとんどすべての植物が動物から身を守るためにになにかの化学物質を放出しているといってよい。ハーブの香りも野菜の苦みや辛みも、脅威となる生きものから身を守るための化学物質である。その意味では、すべての植物は有毒植物といえるかもしれない。

被子植物の多様化の要因は世代交代のスピードアップにあったが、昆虫はそれ以上に世代交代が早い。そのため植物の毒に対して抵抗性をつけるのも早かった。このようにある生物種の変化が、別の生物種の変化を引き起こし、互いに関係しながら進化していくことを「共進化」という。毒を媒介とした昆虫と植物の共進化の場合、昆虫は特定の植物の毒に抵抗性をつけることで、その他の昆虫との競争を避けるという戦略をとる場合が多い。

7―6　昆虫と植物の軍拡競争

モンシロチョウの幼虫は、キャベツなどのアブラナ科の植物を餌にしている。アブラナ科の植物にはシニグリンという辛み成分のもととなる化学物質がふくまれている。多くの昆虫はこの成分が苦手なので、アブラナ科の植物を食べない。アゲハチョウの幼虫もキャベツの葉は食べない。

しかし、モンシロチョウの幼虫はシニグリンに影響を受けないような進化を遂げたことで、ほかの虫と競合せずに、独占的に餌を確保できるようになった。モンシロチョウの成虫もシニグリンに反応して、アブラナ科の植物で産卵する。

ところが、アブラナ科の植物もやられっぱなしでいるわけではなく、対抗して、さらなる進化を遂げた。モンシロチョウの幼虫が葉を食べて、シニグリンが酸素に触れると、シニグリンはアリルイソチオシアネート（アリルカラシ油）という物質に変化する。この物質はアオムシの天敵である寄生バチを呼び寄せるのである。「やられたら、やりかえせ」の軍拡競争である。

一方、アゲハチョウの幼虫はアブラナ科の植物は食べない代わりに、ミカン科のミカンやカラタチやサンショウなどの葉を食べる。ミカン科の植物にはポリメトキシフラボノイドなどの化学物質が含まれていて、これが多くの昆虫に対する忌避効果をもっているが、アゲハチョウはそれを克服したことで餌を確保しているのである。

植物の毒に対して一枚上手の進化を遂げたのがジャコウアゲハだ。ジャコウアゲハは黒くて美しく、成虫の羽から麝香のような香りがすることからその名がある。しかし、一方でこのチョウはアリストロキア酸という毒を持っていることで知られている。

アリストロキア酸は、ジャコウアゲハの幼虫が餌としているウマノスズクサに含まれているアルカロイドで、人間に対しても発がん性や腎障害を引き起こす猛毒である。ウマノスズクサは昆虫に食べられないためにこのアルカロイドを持つようになった。だが、ジャコウアゲハはこれに影響を受けないような進化を遂げたばかりか、その毒を自分の体内に取りこむことで、鳥やカマキリなどのほかの動物に食べられないための防衛手段として利用したのである。

同様のパターンはマダラチョウにも見られる。マダラチョウの仲間のオオゴマダラの幼虫はキョウチクトウ科のホウライカガミやガガイモ科のホウライイケマの葉を食べる。ジャコウアゲハと同様、オオゴマダラは、これらの葉に含まれるアルカロイドを体内に蓄積して身を守っている。

7-7 弱い毒タンニンの戦略

せっかく植物が強い毒をもっても、それが特定の昆虫の進化を促して、耐性を持った昆虫が登場すれば元も子もない。植物がさらに新しい防御物質を進化させても、適応力に富んだ昆虫はそのハードルを短期間で超えてしまう。植物と昆虫との間には毒をめぐって、そんなはてしない応酬がくりひろげられている。しかし、傍目には世代交代の早い昆虫に、どうも分があるように見えてしまう。

そこで植物の中には強い毒で昆虫の完全な撃退をめざすのではなく、敵対しすぎないような弱い毒を持つという戦略をとるものもいる。そんな弱い毒の一つがポリフェノール物質のタンニンである。

タンニンは柿の渋みなどに含まれている成分であり、もともとは紫外線から身を守るために産生されたフェニルプロパノイドとよばれる化合物の一種である。タンニンには昆虫の消化酵素の変性を引き起こして、消化吸収を阻害する作用がある。このためタンニンを含んだ葉を食べた昆虫は消化が阻害されて、栄養を十分にとることができなくなって成長が遅れる。

タンニンには昆虫を完全に撃退するほどの直接的な効果はない。しかし、昆虫に消化不良を起こさせて、自分が食べられすぎないようにすることはできる。また、複雑なアルカロイドにくらべて生産にエネルギーがかからない。そうした利点をもった妥協的な毒として作用する。

しかし、この弱い毒にも対応する昆虫もいる。スズメガ科のサザナミスズメやイボタガ科のイボタガなどはタンニンを豊富に含むイボタノキ（モクセイ科の落葉高木）の葉を専門に食べる。これらのガの幼虫の消化液にはグリシンというアミノ酸が含まれている。このグリシンが、タンニンによる消化酵素の変性を抑えるのである。いわば消化の悪いものを食べるときに胃薬を飲むようなものである。

タンニンは革をなめしたり、染料をつくったりするのに用いられるが、その原料となっているのが「五倍子《ごばいし》」とよばれるウルシ科のヌルデの葉のつけねにできる虫こぶである。虫こぶは、もともとヌルデの葉に寄生するアブラムシが葉の汁を吸うことによってつくられる。アブラムシに汁を吸われるとヌルデの防御メカニズムが発動し、細胞の成長に異常が生じ、組織が異常に肥大して固いこぶを形成する。このこぶにタンニンが大量に含まれている。

虫こぶは本来は害をなす昆虫を撃退するためのものだ。しかし、アブラムシは逆にこの虫こぶを巣として用いる。アブラムシにとって虫こぶは食料の供給源となるとともに、外敵から身を守るシェルターにもなる。そこでアブラムシは、ヌルデの防御メカニズムを逆手に利用して、わざとヌルデに虫こぶをつくらせているのである。

７－８　ヒツジを不妊症にして身を守る

植物の毒は昆虫だけでなく草食動物からも身を守るためのものである。ただし、植物にとっては動物のほうが昆虫にくらべるとつきあいやすい相手かもしれない。世代交代が早く、たくさんの個体を産む昆虫は、適応や突然変異によって毒への耐性をつけるのも早い。しかし、子どもの数も少なく、寿命も長く、からだの仕組みも複雑な動物は、毒に対応するのに時間がかかる。このため動物も毒のある植物を食べられるように自分を進化させるよりも、毒物を避けるためのセンサーを発達させるほうへと進化がすすんだ。それが味覚である。

味覚は本来おいしさを味わうためのものではなく、毒を敏感に感知するための感覚である。その起源は初期の生命にまで遡る。アメーバのような原始的な動物のそばに酸っぱいものや苦いものを置くと、アメーバは逃げようとする。酸味や苦みは自分を害する毒であることを感知するからである。これがのちに動物の舌にある味蕾《みらい》へと発達した。

味蕾の数は動物によって異なる。たとえば、獲物を丸呑みするヘビには味蕾がないといわれている。毒の感知は発達した嗅覚で行っているのではないかと推測されている。鳥や肉食の哺乳動物も味蕾は少なく、数百個といわれている。一方、多いのは草食動物で、その数は1万以上である。さまざまな植物から毒のないものを選ばなくてはならないので、そのために味蕾が発達したといわれている。人間の味蕾は5000から7000個といわれ、草食動物と肉食動物の中間ほどの数にあたる。

一方、植物の側も、草食動物の毒の感知メカニズムに気づいているのか、自分たちの状況に合わせて毒の含まれる量を調整していると見られるふしがある。1940年代にオーストラリア西部で放牧されていたヒツジが繁殖しなくなる事件が起きた。妊娠しても流産してしまうのである。

調査の結果、原因はヒツジの餌にするためにヨーロッパから持ち込まれたクローバーに、ある変化が起きていたことがわかった。クローバーにはもともとフォルモノネティンという化学物質が含まれているのだが、その量が通常よりも増加していたのだった。この物質は動物の体に入ると性ホルモンのエストロゲンに似た作用を及ぼし、生殖機能を狂わせ不妊症を引き起こすのである。

どうしてフォルモノネティンの量が増えたのか。それは新たにやってきたオーストラリアの乾燥した気候がクローバーをストレス状態にしたためと見られている。生存の危機的状態に置かれたクローバーは、草食動物に食べられすぎると生き残れない。そこでフォルモノネティンの量を増やしてヒツジを不妊症にして、身を守ろうとしたと考えられた。これも植物と動物の間の共進化の一例である。

7―9　ソラマメ中毒とマラリア

植物は生きのびるために、昆虫や動物に自分の体の一部を食べさせて、受粉や種子の散布をしてもらう。けれども、食べつくされないように毒を持つことで反撃する。一方、動物も生きのびるために、その毒を攻略するような進化を遂げる。すると、植物はさらに強い毒をつくりあげる。そうした攻撃の応酬が、動物や植物の共進化を促して、結果的に豊かな生物多様性を形づくってきた。それはいずれにしても、それぞれの種が生き残るための戦略なのである。

人間もこうした共進化のプロセスと無縁ではない。たとえば、古代から北アフリカや地中海沿岸、中央アジアではソラマメを食べてはいけないという民間伝承が広く流布していたという。実際、これらの地域ではソラマメによる中毒例が多い。

ソラマメ中毒を引き起こすのは、ソラマメに含まれているバイシンとコンバイシンという配糖体である。これが活性酸素を作り出して赤血球を破壊して貧血や急性腎不全を起こす。重症の場合には死にいたることもある。しかし、それほどの危険な中毒をもたらすソラマメなのに、日本ではソラマメについての禁忌はなく中毒例もほとんど報告されていない。

その理由は遺伝子の変異にある。ソラマメ中毒症にならない人は、ソラマメに含まれる配糖体が活性酸素を放出しても、それを除去するG6PDという酵素があるので問題は発生しない。しかし、ソラマメ中毒症の患者が多発する地中海沿岸や北アフリカでは、この酵素をつくる遺伝子に変異があって、酵素の産出がうまくいかない人が多い。このため活性酸素が赤血球を溶かして、中毒を引き起こすのである。

だが、不思議なことがある。ソラマメ中毒症になる人の率が高い地域は、伝統的にソラマメ栽培が盛んであり、昔からソラマメをたくさん消費してきた土地である。だとしたら、そこに暮らす人びとのほうが、他の地域の人びとよりも、ソラマメの毒性に対して適応がすすむのではないだろうか。しかし、実際には逆に、その地域の人びとのほうがソラマメ中毒を引き起こす遺伝子変異を受け継いでいる。それは、なぜか。そこには、その地域の人びとには、たとえ中毒になっても、その遺伝子変異を引き継いでいくメリットがあるからではないだろうか。そのメリットとは何か。

じつはソラマメ中毒症の多い地域は、マラリアの多い地域でもある。マラリアは蚊の媒介するマラリア原虫が赤血球を破壊する熱帯病で、いまも年間2億人以上が感染し、60万人以上が亡くなっている。ところが、ソラマメ中毒症になりやすい遺伝子変異をもった人の赤血球は、そうでない人の赤血球にくらべて、マラリア原虫の攻撃を受けにくいのである。

つまり、変異のない遺伝子の持ち主はソラマメ中毒症にはならないが、マラリアにかかるリスクは高い。変異遺伝子を持っているとソラマメ中毒症になりやすいが、マラリアにかかるリスクは低くなる。どちらを選んだほうが種の存続にとって有利かといえば、やはり後者である。ソラマメ中毒症で死ぬ確率よりも、マラリアで死ぬ確率のほうが圧倒的に高いからだ。このような事情があるために、この地域の人びとの間では、一見、理不尽ともいえる遺伝形質が受け継がれてきたと考えられる。

また、ソラマメには抗マラリア薬と似た成分が含まれているため、変異遺伝子を持った人がソラマメを食べると、マラリアへの耐性がさらに強化される。ソラマメの収穫期が、マラリアを媒介する蚊の繁殖期と重なるのも偶然ではないといわれる。

一見すると、それは人間の種としての生存本能が、ソラマメの毒を利用してマラリアへの抵抗性を身につけたかのように思われる。しかし、それは見方を変えれば、ソラマメが人間に栽培してもらうために仕組んだプログラムともいえる。人間がソラマメを利用して進化したように見えて、じつはソラマメのほうが人間の遺伝子の変異を利用することで、安定的に栽培してもらうことを可能にしたのかもしれない。

文庫版あとがき——なぜ、人は毒に魅せられるのか？

「毒」という言葉には恐ろしさと同時に人を魅する響きがある。「オペラの毒にやられた」という言い方もあるように、人間でも芸術でも、適度な毒は深みや魅力につながると考えられている。芸術家の岡本太郎は「自分の中に毒を持て」といった。毒は既成の常識の枠を破壊し、世界の新しい見方を切りひらいてくれる。反対に「毒にも薬にもならない」という言葉は、刺激に欠けて、面白みのないことだ。

これは生物の世界にも、あてはまるかもしれない。酸素や紫外線に始まり、毒をいかに克服するかということが、生物を進化させ、多様化を促し、環境に変化をもたらす大きな要因の一つだったからだ。毒とは生命を脅かすものでありながら、結果的に生命の飛躍をもたらす原動力となった。

毒には人工毒や鉱物毒といった無生物の毒もある。しかし毒の強さやバラエティからすれば生物が生みだす毒にはかなわない。それらは植物や昆虫や動物や病原菌がそれぞれの環境の中で生きのびるために、長い時間をかけてつくりだし、進化させてきた芸術的ともいえるほど手のこんだ化学物質である。

だが、じつは毒とは、それらの化学物質そのものというわけではない。毒物、劇物、特定毒物といった法律上の定義はあるものの、本来、毒とは関係性や使用法にかかわる相対的な概念だからだ。たとえばチョコレートは人間にとってはお菓子だが、イヌやネコにとっては毒である。また、ある物質が毒になるかどうかは使い方にもよる。ふつうは毒と見なされない塩や水であっても、一気に大量摂取すれば命を脅かす毒になる。逆に、一般的に毒物とみなされているものであっても、少量なら薬になるものもある。

生物にとって進化とは、生きのびる確率を高めるためのものだ。とくに食物連鎖の最下位にいる植物にとって毒を持つことは生きのびられるチャンスを高めるために不可欠な進化だった。ところが捕食者のほうも、生きていくためには食べないわけにはいかないので、その毒に適応するような進化を遂げる。すると、「これはたいへん」と食べられる側はさらに強力な毒をつくりだす。このようなはてしない応酬が、生物の世界に華麗なまでの多様性をもたらした。

ときには、そこからとんでもなく強い毒が生まれる。北アメリカの森林や湿地にすむサメハダイモリは一匹で人間の大人17人を殺せるほどの猛毒を持つ。マウスならば

2万5000匹を殺せる計算になる。

これほどの猛毒がどうして必要なのか。それは同じ地域にニシガーターヘビという天敵がいるからである。ニシガーターヘビはありふれた無毒のヘビだが、猛毒のサメハダイモリを食べても死なない。サメハダイモリを食べたニシガーターヘビは数時間は動けなくなるが、そのあとは回復してしまうという。そこでサメハダイモリはさらに強い毒を開発する。すると、ニシガーターヘビのほうもそれに対する防御システムを開発する。そうした共進化の果てに、サメハダイモリは極端なほどの猛毒を持つようになったと考えられている。

人間も自然界の一員として、本来このような共進化のネットワークの中にある存在である。しかし、人間が他の動物とちがうのは、自然が生みだす毒を、みずからの都合にあわせて、じつに幅広い用途に活用してきた点である。植物や動物の毒を薬として利用したり、殺虫剤の原料にしたりする。ニコチンという猛毒のアルカロイドを含んだタバコを嗜好品にする。昆虫や動物を撃退するための辛み成分のカプサイシンを含んだトウガラシを調味料として楽しむ。苦みのある山菜を好んで食べる。毒を避けるどころか、毒を取りいれ、テクノロジーを用いて自在に加工し、ときにはそれがもたらす非日常的な状態を楽しむ。

人間以外の生きものにとって、毒は、それで身を守るにしても、攻撃するにしてもサバイバルのための手段だ。しかし、人間はそれにくわえて、毒のもたらす非日常性に、特別な意味や価値を見出してきた。味覚でいえば、たんに栄養があって安全なだけでは満足せず、よりおいしいもの、珍味を求める。それは毒に由来する苦みであったり、辛みであったりする。酒やコーヒーのような嗜好品もそうである。

また、毒性のある物質を摂取することによって得られる非日常的な意識状態にも、人間は特別な意味を与えてきた。シャーマニズムで幻覚性植物が用いられることがあるが、そうした毒のもたらす昂揚感や変性意識状態は、地域や民族によって、それぞれに特別な文化的意味を付与されてきた。いわば生命を危険にさらすことが、生きる実感や生きる意味につながる、という文化を人間は育んできた。

なぜ人間は非日常的な意識状態を必要とするのか。やや抽象的ないい方だが、それは人間が言葉をもつ生き物であることと関係しているのではないか。

言葉をもつとは、リアリティが分裂しているということである。人間は、身体感覚に根ざした「今、この場」に対するリアリティのほかに、言葉が作り出す、時空にとらわれないリアリティという二つの世界を同時に生きている。言葉が作り出すリアリティとは、今ここで感じられる経験以外のリアリティであり、そこには「死」という観念も含まれる。そうしたリアリティを経験したり、表現したりするために人間は毒を用いてきた。

人間以外の生物にとって、毒はライフスタイルや形態の進化や多様化をもたらしたが、人間の場合は宗教や精神文化の発展をもたらす一因につながったのではないか。それを共進化とよべるかどうかはわからないが、毒のもたらす変性意識状態を、人間は文化とすることによって無毒化したといえるかもしれない。

人間以外の生きものは、たとえ毒を用いるにしても、それは相手を殲滅《せんめつ》するためのものではなかった。それほど強い毒を大量に産生することはできないし、なにより、自分が生きるためには、ほかの生きものが滅んでしまっては困る。植物は鳥や昆虫や動物に受粉や種の散布をたよっているし、動物のほうも植物がなくては生きていけない。毒を用いるにしても、共存関係そのものがくずれてしまうようなことがあってはならなかった。

しかし、人間はそうした共存関係に無頓着だったうえ、テクノロジーは毒の合成や大量使用を可能にした。それが大規模に行われたのは農業と医療分野であった。

効果的な殺虫剤が登場したのは、植民地に大農場がつくられるようになった19世紀頃からである。害虫を退治するために、シアン化物や砒素、硫黄などを用いた薬剤が農場で大量に散布されるようになった。19世紀の後半にはアメリカの果樹園で猛威をふるっていたカイガラムシを退治するために石灰硫黄合剤が用いられ、カイガラムシは消滅した。

ところが、1900年代に入ると、カイガラムシへの石灰硫黄合剤の効果がだんだん薄れだし、やがてまったく効かなくなった。当時はまだ突然変異によって薬物への抵抗性をもった種が生まれ、その遺伝子を持った種が増えていくことは知られていなかった。それよりも、さらに強力な殺虫剤の開発に関心が注がれ、そこで生まれたのがDDTだった。

DDTは有機塩素系の化合物で、当時は万能の殺虫剤と考えられていた。これで害虫は根絶されるだろうし、マラリアだって撲滅できるにちがいないといわれた。ところが、20世紀の半ばにはDDTの効かないイエバエが登場し、その後DDTへの抵抗性を獲得した昆虫が続々と発見されるようになった。科学者たちにとって、それはショックな事実だったが、昆虫はそれまで数億年にわたって植物との間にくり広げてきた共進化と同じことをしているにすぎなかった。植物が新しい毒を開発すれば、昆虫がその関門をクリアしてきたように、人間が作り出す毒も迅速な世代交代の中ですみやかにクリアしているだけのことだった。

だが、新しい強力な殺虫剤は次々と開発され、その使用量も増加の一途をたどっている。アメリカでは現在、１９４５年の時点で使われていた殺虫剤の20倍の量の殺虫剤が用いられ、その毒性は１００倍に上がっているという。しかし、食害を受けている作物の量は減るどころか、かえって増加している。毒性の強い薬剤が使われれば使われるほど、昆虫もまたその毒への抵抗性を獲得するからだ。抵抗性を持った昆虫が出現するたびに、農家は新しい、より強力な薬剤を買わなくてはならない。出費もかさむ。

医療においても同様のことが起こっている。青カビから発見された最初の抗生物質のペニシリンは、その劇的な効果で第二次大戦中に多くの負傷者を救った。しかし「20世紀最大の発明」ともいわれたペニシリンも、使用されるようになってから数年後には耐性菌が発見された。その後、新たな抗生物質が次々と発見されたが、たいてい数年以内に耐性菌が登場している。

細菌の中には数十分で世代交代をくりかえすものもいる。世代交代に30年くらいかかってしまう人間にくらべたら、そのスピードは光速さながらである。耐性菌を生みだす変異のスピードに勝つことは絶望的ともいえる。にもかかわらず、いまや抗生物質は世界中に大量に出回っており、発展途上国では処方箋なしに買えるところも少なくない。

抗生物質は医療現場だけではなく、畜産や養殖の現場でも使われている。過密状態で病気の発生しやすい畜舎や養殖池では、あらかじめ飼料に抗生物質を添加することで、病気の発生を防いでいる。しかし、それは医療現場で起きているように、菌類の耐性の獲得を促すことになる。ＷＨＯは飼料への抗生物質の添加禁止を勧告しているが、米国、中国、日本などはまだ使用をつづけている。

強力な毒の大量使用が、さらに危険で強力な耐性菌を生む。その悪循環は結果的に、菌類や昆虫、植物や動物などのバランスのとれた共存関係をこわし、現在、年間四万種ともいわれる地球上の生物種の絶滅を加速する一因にもなっている。生物は共進化するという観点からすれば、望ましいのは菌類の薬剤への抵抗性を促進しない方法である。だが、そんなことが可能なのだろうか。

進化生物学者のポール・イーワルドは、それが可能であるという。イーワルドは、人間に感染する病原菌の毒性の強さは、条件によってちがってくると述べる。その条件とは、宿主から宿主への移動がかんたんかどうかにかかっている。その例としてイーワルドは、1991年にペルーから始まった南米におけるコレラの大流行を取りあげる。上下水道が完備されていないエクアドルではコレラ菌の生成する毒素は広がるとともにさらに強くなっていき、多くの死者が出たのに対して、上下水道の完備したチリではコレラ菌の生成する毒素はしだいに弱くなっていき、死者もほとんどでなかったという。

なぜ、そういう結果になったのか。水道設備が劣悪なエクアドルでは飲料水の水源にコレラ菌が混ざりやすく、菌は容易に新しい宿主に感染することができる。だとすれば、現在の宿主を増殖のための場として死ぬまで徹底的に利用したうえで、汚染された水源から新しい宿主へ移動すればいい。宿主を生かしておく必要はないから、菌の毒性は強化する方向に進化が進む。

しかし、チリのように水道が完備されていると、水源をたどって新しい宿主へと感染するのはむずかしい。感染するためには、現在の宿主に動きまわってもらって、他の宿主のところまで運んでもらわなくてはならない。そのためには宿主が歩けないほど弱らせるわけにはいかないから、菌の毒性も弱くなる方向へと進化する。つまり、病原菌の移動手段をなくしてしまえば、菌の毒性は弱まるというわけである。

大量の抗生物質で病原菌をたたいて、かえってもっと危険な耐性菌をつくらせるのではなく、病原菌の毒性を弱める方向へと菌を進化させる。そうした環境を人間がととのえてやればよいのではないかとイーワルドは述べる。人間が元気でないと病原菌も生きられないとなれば、いやおうなく病原菌の毒性は弱まる。人間と共存できるほどにまでその毒性が弱まれば、もはやそこに脅威はない。もちろん、それが可能なのは一部の病原菌に限られるだろう。しかし、同じ共進化でも、より強力な毒の開発という軍拡競争にむかうのではなく、毒を飼い慣らして、他の生物との共存の道を探っていくことこそ、テクノロジーという強大な毒を手にした人間が、いま、とらなくてはならない道なのではないだろうか。

原著・技術評論社版では同社書籍編集部の冨田裕一氏にお世話になった。文庫化にあたっては、全面的な修正と大幅な加筆を行い、第7章「毒と生物の進化」は新たに書き下ろした。お手をわずらわせた筑摩書房ちくま文庫編集部の伊藤大五郎氏につつしんで感謝したい。

二〇一六年　秋

田中真知

参考文献

毒の文化史　杉山二郎／山崎幹夫著　学生社　１９９０
毒薬の誕生　山崎幹夫　角川書店　１９９５
歴史を変えた毒　山崎幹夫　角川書店　２０００
面白いほどよくわかる毒と薬　山崎幹夫編　毒と薬研究会著　日本文芸社　２００４
毒の話　山崎幹夫著　中央公論社　１９８５
毒の歴史―人類の営みの裏の軌跡　ジャン・ド・マレッシ著　橋本到・片桐祐訳　新評論　１９９６
毒物の魔力―人間と毒と犯罪　常石敬一著　講談社　２００１
暮らしのなかの死に至る毒物・毒虫６０　唐木英明著・監　講談社　２０００
毒の科学　船山信次著　ナツメ社　２００３
毒の科学Q&A―毒きのこからヒ素、サリン、ダイオキシンまで　水谷民雄著　ミネルヴァ書房　１９９９
毒物雑学事典　大木幸介　講談社　１９８４
事件からみた毒―トリカブトからサリンまで　Ａｎｔｈｏｎｙ　Ｔ・Ｔｕ編著　化学同人　２００１
ダイオキシン―神話の終焉　渡辺正／林俊郎著　日本評論社　２００３

殺人・呪術・医薬　ジョン・マン著　山崎幹夫訳　東京化学同人　1995

メディシン・クエスト―新薬発見のあくなき探究　マーク・プロトキン著　屋代通子訳　築地書館　2002

毒薬の博物誌　立木鷹志著　青弓社　1996

迷惑な進化　シャロン・モアレム／ジョナサン・プリンス著　矢野真千子訳　日本放送出版協会　2007

快感回路　デイヴィッド・J・リンデン　岩坂彰　河出書房新社　2014

私たちは今でも進化しているのか?　マーリーン・ズック著　渡会圭子訳　文藝春秋　2015

たたかう植物　稲垣栄洋著　筑摩書房　2015

弱者の戦略　稲垣栄洋著　新潮社　2014

植物はすごい　田中修著　中央公論社　2012

毒と薬の世界史　船山信次著　中央公論社　2008

なぜ老いるのか、なぜ死ぬのか、進化論でわかる　ジョナサン・シルバータウン著　寺町朋子訳）　インターシフト　2016

猛毒動物 最恐50　今泉忠明著　ソフトバンククリエイティブ　2008

海から生まれた毒と薬　Anthony T. Tu／比嘉辰雄著　丸善出版　2015

新・海洋動物の毒　塩見一雄／長島裕二著　成山堂書店　2012

病原体進化論　ポール・W・イーワルド著　池本孝哉訳2002

進化から見た病気　栃内新著　講談社　2009

感覚器の進化　岩堀修明著　講談社　2011
進化　カール・ジンマー著　長谷川眞理子／入江尚子訳　岩波書店　2012
進化大全　カール・ジンマー著　渡辺政隆訳　光文社　2004
生物はなぜ誕生したのか　ピーター・ウォード／ジョゼフ・カーシュヴィンク著　梶山あゆみ訳　河出書房新社　2016
ドラッグの社会学　佐藤哲彦著　世界思想社　2008
大人のための図鑑　毒と薬　鈴木勉監修　新星出版社　2015

索　引

【あ】

アコニチン　17,38,43,47,54,132,257,259
アセトアミノフェン　266
アトロピン　47,59,133,134,136,137,163,194
アパミン　93
亜砒酸　54,180-183,185,189,249,250,261,262
アフラトキシン　54,116,117
アヘン　47,139,214,220-223,225-227
アマトキシン　162
アミン　90,93,94
アリストロキア酸　283
アルコール　28,56,242
アンチアリン　144
アンチモン　255
アンフェタミン　214,244
イボテン酸 169,171
イルジンM　162
イルジンS　162
ウアバイン　144
ウェルシュ菌　48
エピバチジン　98,99
塩素ガス　192
黄色ブドウ球菌　50,110
オカダ酸　71,74
オクラトキシンA　117

【か】

覚せい剤　214,218,219,227,244,246
活性酸素　275,276,290,291
クラーレ　47,142-145
クロロトキシン　102
結核菌　30,32
コカイン　214,218,229-232,237,242
コデイン　214,225
コニイン　138,139
ゴニオトキシン　71

コノトキシン　54,76
コプリン　164,166
コレラ菌　31,50,301
コンバイシン　290

【さ】

サキシトキシン　54,67,68,71
サリドマイド　34,209
サリン　34,38,43,45,54,56,57,137,179,192,263,264
サルモネラ菌　48,49
酸素　200,271-274,277,293
シガテラ毒素　80-82
シガトキシン　81-83
志賀毒素　50,112
シトリニン　117
シロシビン　173,174
シロシン　173,174
水銀　33,202,204
スコポラミン　47,133,136
ストレプトマイシン　63
ストリキニーネ　24,25
ゼアラレノン　117
青酸　155,156,180,187-189,198
青酸カリ　33,54,56,64,105,178,185,187,188,210
赤痢菌　54,112
ソマン　192
ソラニン　153

【た】

ダイオキシン　54,56,57,179,208-211
大麻　241-243
タブン　192,195
タリウム　189-191,253-256
炭疽菌　63,119-121
タンニン　284,285
腸炎ビブリオ　48,49
ディノフィシストキシン　71
デオキシニバレノール　117
テタノスパスミン（破傷風毒素）　53,113,122,123
テトロドトキシン　34,38,43,54,64,65,67,71,81,82,98,100,259

ドウモイ酸　73
トリコテセン　166

【な】

内分泌攪乱化学物質（環境ホルモン）　208,209
鉛　33,205-207
ニコチン　28,34,47,56,145,146,148,219,242,295
二酸化炭素　199,200
ニバレノール　117

【は】

バイシン　290
ハシシュ　241
破傷風菌　50,53,122
バトラコトキシン　54,97,98
パリトキシン　54,83,84
ヒスタミン　90,93
砒素　33,180-183,250-252,298
ファロトキシン　162
ブドウ球菌　48,49,124,126
プミリオトキシン　97
ペニシリン　63,124-126,299
ヘロイン　28,214,223,227,228,237,242
ベロ毒素　50,51,54,112,113,151
ボツリヌス菌　48,49,50,53,105-108,110,122,151
ボツリヌストキシン（ボツリヌス毒素）　53,56,105-108,110,113,122,178
ホモバトラコトキシン　96,97
ポロニウム210　267

【ま】

マイコトキシン　115,117,166
マイトトキシン　54,81,83
マジックマッシュルーム　174,214
マスタードガス　192,196
マリファナ　241
ムシモール　169,171
ムスカリン　59,163,169

メスカリン　239,240
メタンフェタミン　214,244
メチシリン　126
メリチン　93
モルヒネ　28,76,98,99,139,214,220,225-230

【ら】

リコリン　140
リシン　54,149,151,152
硫化水素　197-201
ロブストキシン　104

【英字】

DDT　208,298
DES　179,208
LSD　214,234-239
MCDペプチド　93
MDMA　214
MRSA　126
O157　50,54,112-114,151
PCB　179,208
THC　241-243
VRE　126
VXガス　54,56,57,192
α-アマニチン　168,169

本書は二〇〇六年十月に技術評論社より刊行された。

ねにもつタイプ　岸本佐知子

何となく気になることにこだわる、ねにもつ。思索、奇想、妄想はばたく脳内ワールドをリズミカルな名短文でつづる。第23回講談社エッセイ賞受賞。

TOKYO STYLE　都築響一

小さい部屋が、わが宇宙。ごちゃごちゃと、しかし快適に暮らす、僕らの本当のトウキョウ・スタイルはこんなものだ！　話題の写真集文庫化！

自分の仕事をつくる　西村佳哲

仕事をすることは会社に勤めること、ではない。仕事を「自分の仕事」にできた人たちに学ぶ、働き方のデザインの仕方とは。（稲本喜則）

世界がわかる宗教社会学入門　橋爪大三郎

宗教なんてうさんくさい!?　でも宗教は文化や価値観の骨格であり、それゆえ紛争のタネにもなる。世界宗教のエッセンスがわかる充実の入門書。

ハーメルンの笛吹き男　阿部謹也

「笛吹き男」伝説の裏に隠された謎はなにか？　十三世紀ヨーロッパの小さな村で起きた事件を手がかりに中世における「差別」を解明。（石牟礼道子）

増補　日本語が亡びるとき　水村美苗

明治以来豊かな近代文学を生み出してきた日本語が、いま、大きな岐路に立っている。我々にとって言語とは何なのか。第8回小林秀雄賞受賞作に大幅増補。

子は親を救うために「心の病」になる　高橋和巳

子は親が好きだからこそ「心の病」になり、親を救おうとしている。精神科医である著者が説く、親子という「生きづらさ」の原点とその解決法。

クマにあったらどうするか　姉崎等　片山龍峯

「クマは師匠」と語り遺した狩人が、アイヌ民族の知恵と自身の経験から導き出した超実践クマ対処法。クマと人間の共存する形が見えてくる。（遠藤ケイ）

脳はなぜ「心」を作ったのか　前野隆司

「意識」とは何か。どこまでが「私」なのか。死んだら「心」はどうなるのか。――「意識」と「心」の謎に挑んだ話題の本の文庫化。（夢枕獏）

しかもフタが無い　ヨシタケシンスケ

「絵本の種」となるアイデアスケッチがそのまま本に。くすっと笑えて、なぜかほっとするイラスト集です。ヨシタケさんの「頭の中」に読者をご招待！

解剖学教室へようこそ　養老孟司

解剖すると何が「わかる」のか。動かぬ肉体という具体から、どこまで思考が拡がるのか。養老ヒト学の原点を示す記念碑的一冊。（南直哉）

考えるヒト　養老孟司

意識の本質とは何か。私たちはそれを知ることができるのか。脳と心の関係を探り、無意識に目を向ける。自分の頭で考えるための入門書。（玄侑宗久）

錯覚する脳　前野隆司

「意識のクオリア」も五感も、すべては脳が作り上げた錯覚だった！　ロボット工学者が科学的に明らかにする衝撃の結論を信じられますか。（武藤浩史）

理不尽な進化　増補新版　吉川浩満

進化論の面白さはどこにあるのか？　科学者の論争を整理し、俗説を覆し、進化論の核心をしめす。アートとサイエンスを鮮やかに結ぶ現代の名著。（養老孟司）

身近な雑草の愉快な生きかた　稲垣栄洋　三上修・画

名もなき草たちの暮らしぶりと生き残り戦術を愛情とユーモアに満ちた視線で観察、紹介した植物エッセイ。繊細なイラストも魅力。（宮田珠己）

身近な野菜のなるほど観察録　稲垣栄洋　三上修・画

『身近な雑草の愉快な生きかた』の姉妹編。なじみの多い野菜たちの個性あふれる思いがけない生命の物語を、美しいペン画イラストとともに。（小池昌代）

身近な虫たちの華麗な生きかた　稲垣栄洋　小堀文彦・画

地べたを這いながらも、いつか華麗に変身することを夢見てしたたかに生きる身近な虫たちを紹介する。精緻で美しいイラスト多数。（小池昌代）

したたかな植物たち　春夏篇　多田多恵子

スミレ、ネジバナ、タンポポ。道端に咲く小さな植物は、動けないからこそ、したたかに生きている！　身近な植物たちのあっと驚く私生活を紹介します。

したたかな植物たち　秋冬篇　多田多恵子

ヤドリギ、ガジュマル、フクジュソウ。美しくも奇妙な生態にはすべて理由があります。人知れず花を咲かせ、種子を増やし続ける植物の秘密に迫る。

野に咲く花の生態図鑑【春夏篇】　多田多恵子

野に生きる植物たちの美しさとしたたかさに満ちた生存戦略の数々。植物への愛をこめて綴られる珠玉のネイチャー・エッセイ。カラー写真満載。

野に咲く花の生態図鑑【秋冬篇】　多田多恵子

寒さが強まる過酷な季節にあえて花を咲かせ実をつける理由とは？　人気の植物学者が、秋から早春にかけて野山を彩る植物の、知略に満ちた生態を紹介。

花と昆虫、不思議なだましあい発見記　田中肇　正者章子

ご存じですか？　道端の花々と昆虫のあいだで、驚くべきかけひきが行なわれていることを。花と昆虫のだましあいをイラストとともにやさしく解説。

増補　へんな毒　すごい毒　田中真知

フグ、キノコ、火山ガス、細菌、麻薬……自然界にあふれる毒の世界。その作用の仕組みから解毒法、さらには毒にまつわる事件なども交えて案内する。

熊を殺すと雨が降る　遠藤ケイ

山で生きるには、自然についての知識を磨き、己れの技量を謙虚に見極めねばならない。山村に暮らす人びとの生業、猟法、川漁を克明に描く。

私の脳で起こったこと　樋口直美

「レビー小体型認知症」本人による、世界初となる自己観察と思索の記録。認知症とは、人間とは、生きるとは何かを考えさせる。（伊藤亜紗）

ゴリラに学ぶ男らしさ　山極寿一

自尊心をもてあまし、孤立する男たち。その葛藤は何に由来するのか？　身体や心に刻印されたオスの進化的な特性を明らかにし、男の懊悩を解き明かす。

ニセ科学を10倍楽しむ本　山本弘

「血液型性格診断」「ゲーム脳」など世間に広がるニセ科学。人気SF作家が会話形式でわかりやすく教える、だまされないための科学リテラシー入門。

増補　サバイバル！　服部文祥

岩魚を釣り、焚き火で調理し、月の下で眠る――。異能の登山家は極限の状況で何を考えるのか？　生きることを命がけで問う山岳ノンフィクション。

いのちと放射能　柳澤桂子

放射性物質による汚染の怖さ。癌や突然変異が引き起こされる仕組みをわかりやすく解説し、命を受け継ぐ私たちの自覚を問う。（永田文夫）

イワナの夏　湯川豊

釣りは楽しく哀しく、こっけいで厳粛だ。日本の川で、また、アメリカで、出会うのは魚ばかりではない、自然との素敵な交遊記。（川本三郎）

ふしぎな社会　橋爪大三郎

第一人者が納得した言葉だけを集めて磨きあげた社会学の手引き書。人間の真実をぐいぐい開き、若い読者に贈る小さな（しかし最高の）入門書です。

承認をめぐる病　斎藤環

人に認められたい気持ちに過度にこだわると、さまざまな病理が露呈する。現代のカルチャーや事件から精神科医が「承認依存」を分析する。（土井隆義）

キャラクター精神分析　斎藤環

ゆるキャラ、初音ミク、いじられキャラetc.。現代日本に氾濫する数々のキャラたち。その諸相を横断し、究極の定義を与えた画期的論考。（岡﨑乾二郎）

サヨナラ、学校化社会　上野千鶴子

東大に来て驚いた。現在を未来のための手段とし、偏差値一本で評価を求める若者。ここからどう脱却する？　丁々発止の議論満載。（北田暁大）

ひとはなぜ服を着るのか　鷲田清一

ファッションやモードを素材として、アイデンティティや自分らしさの問題を現象学的視線で分析する。「鷲田ファッション学」のスタンダード・テキスト。

学校って何だろう　苅谷剛彦

「なぜ勉強しなければいけないの？」「校則って必要なの？」等、これまでの常識を問いなおし、学ぶ意味を再び摑むための基本図書。（小山内美江子）

14歳からの社会学　宮台真司

「社会を分析する専門家」である著者が、社会の「本当のこと」を伝え、いかに生きるべきか、に正面から答えた。重松清、大道珠貴との対談を新たに付す。

終わりなき日常を生きろ　宮台真司

「終わらない日常」と「さまよえる良心」――オウム事件直後出版の本書は、著者のその後の発言の根幹である。書き下ろしの長いあとがきを付す。

人生の教科書
「よのなかのルール」　藤原和博・宮台真司

〝バカを伝染（うつ）さない〟ための「成熟社会へのパスポート」です。大人と子ども、お金と仕事、男と女と自殺のルールを考える。（重松清）

逃走論　浅田彰

パラノ人間からスキゾ人間へ、住む文明から逃げる文明への大転換の中で、軽やかに〈知〉と戯れるためのマニュアル。

アーキテクチャの生態系　濱野智史
2ちゃんねる、ニコニコ動画、初音ミク……。日本独自の進化を遂げたウェブ環境を見渡す、新世代の社会分析。待望の文庫化。（佐々木俊尚）

「居場所」のない男、「時間」がない女　水無田気流
「世界一孤独」な男たちと「時限ばかり」の女たち。全員が幸せになる策はあるか――？　社会を分断する溝に、気鋭の社会学者が向き合う。（内田良）

他人《ひと》のセックスを見ながら考えた　田房永子
人気の漫画家が、かつてエロ本ライターとして取材した風俗やAVから、テレビやアイドルに至るまで、男女の欲望と快楽を考える。（樋口毅宏）

ファッションフード、あります。　畑中三応子
ティラミス、もつ鍋、B級グルメ……激しくはやりすたりを繰り返す食べ物から日本社会の一断面を切り取った痛快な文化史。年表付。（平松洋子）

9条どうでしょう　内田樹／小田嶋隆／平川克美／町山智浩
「改憲論議」の閉塞状態を打ち破るには、「虎の尾を踏むのを恐れない」言葉の力が必要である。四人の書き手によるユニークな洞察が満載の憲法論！

反社会学講座　パオロ・マッツァリーノ
恣意的なデータを使用し、権威的な発想で人に説教する困った学問「社会学」の暴走をエンターテイメントな議論で撃つ！　真の啓蒙は笑いから。

日本の気配　増補版　武田砂鉄
「個人が物申せば社会の輪郭はボヤけない」。最新の出来事にも、解決されていない事件にも粘り強く憤る。その後の展開を大幅に増補。（中島京子）

狂い咲け、フリーダム　栗原康　編
国に縛られない自由を求めて気鋭の研究者が編む。大杉栄、伊藤野枝、中浜哲、朴烈、金子文子、平岡正明、田中美津ほか。帯文＝ブレイディみかこ

花の命はノー・フューチャー　ブレイディみかこ
移民、パンク、LGBT、貧困層。地べたから見た英国社会をスカッとした笑いとともに描く。200頁分の大幅増補！　推薦文＝佐藤亜紀（栗原康）

ジンセイハ、オンガクデアル　ブレイディみかこ
貧困、差別。社会の歪みの中の「底辺託児所」シリーズ誕生。著者自身が読み返す度に初心にかえるという珠玉のエッセイを収録。

禅　鈴木大拙　工藤澄子訳
禅とは何か。また禅の現代的意義とは？　世界的な関心の中で見なおされる禅について、その真諦を解き明かす。（秋月龍珉）

タオ——老子　加島祥造
さりげない詩句で語られる宇宙の神秘と人間の生きるべき大道とは？　時空を超えて新たに甦る『老子道徳経』全81章の全訳創造詩。待望の文庫版！

荘子と遊ぶ　玄侑宗久
『荘子』はすこぶる面白い。読んでいると「常識」という桎梏から解放される。魅力的な言語世界を味わいながら、現代的な解釈を試みる。（ドリアン助川）

つぎはぎ仏教入門　呉智英
知ってるようで知らない仏教の、その歴史から思想的な核心までを、この上なく明快に説く。現代人のための最良の入門書。二篇の補論を新たに収録！

現代人の論語　呉智英
革命軍に参加⁉　王妃と不倫⁉　孔子とはいったい何者なのか？　論語を読み抜くことで浮かび上がる孔子の実像。現代人のための論語入門・決定版！

日本異界絵巻　小松和彦／宮田登／鎌田東二／南伸坊
役小角、安倍晴明、酒呑童子、後醍醐天皇ら、妖怪変化、異界人たちの列伝。魑魅魍魎が跳梁跋扈する闇の世界へようこそ。挿画、異界用語集付き。

仏教百話　増谷文雄
仏教の根本精神を究めるには、ブッダに帰らねばならない。ブッダ生涯の言行を一話完結形式で、わかりやすく説いた入門書。

武道的思考　内田樹
「いのちがけ」の事態を想定し、心身の感知能力を高める技法である武道には叡智が満ちている！　気持ちがシャキッとなる達見の武道論。（安田登）

仁義なきキリスト教史　架神恭介
イエスの活動、パウロの伝道から、叙任権闘争、十字軍、宗教改革まで——。キリスト教二千年の歴史が果てなきやくざ抗争史として蘇る！（石川明人）

よいこの君主論　架神恭介　辰巳一世
戦略論の古典的名著、マキャベリの『君主論』が、小学校のクラス制覇を題材に楽しく学べます。学校、職場、国家の覇権争いに最適のマニュアル。

生き延びるためのラカン　斎藤環

幻想と現実が接近しているこの世界で、できるだけリアルに生き延びるためのラカン解説書にして精神分析入門書。カバー絵・荒木飛呂彦　（中島義道）

人生を〈半分〉降りる　中島義道

哲学的に生きるには〈半隠遁〉というスタイルを貫くしかない。「清貧」とは異なるその意味と方法を、自身の体験を素材に解き明かす。　（中野翠）

私の幸福論　福田恆存

この世は不平等だ。何と言おうと！　しかしあなたは幸福にならなければ……。平易な言葉で生きることの意味を説く刺激的な書。　（中野翠）

ちぐはぐな身体《からだ》　鷲田清一

ファッションは、だらしなく着くずすことから始まる。中高生の制服の着崩し、コムデギャルソン、刺青等から身体論を語る。　（永江朗）

エーゲ　永遠回帰の海　立花隆

ギリシャ・ローマ文明の核心部を旅し、人類の思考の普遍性に立って、西欧文明がおこなった精神の活動を再構築する思索旅行記。カラー写真満載。

独学のすすめ　加藤秀俊

教育の混迷と意欲の喪失には出口が見えないが、IT技術は「独学」の可能性を広げている。「やる気」という視点から教育の原点に迫る。　（竹内洋）

レトリックと詭弁　香西秀信

「沈黙を強いる問い」「論点のすり替え」など、議論に仕掛けられた巧妙な罠に陥ることなく、詐術に打ち勝つ方法を伝授する。

希望格差社会　山田昌弘

職業・家庭・教育の全てが二極化し、「努力は報われない」と感じた人々から希望が消えるリスク社会日本。「格差社会」論はここから始まった！

ことばが劈《ひら》かれるとき　竹内敏晴

ことばとこえとからだと、それは自分と世界との境界線だ。幼時に耳を病んだ著者が、いかにことばを回復し、自分をとり戻したか。

現人神の創作者たち（上・下）　山本七平

日本を破滅の戦争に引きずり込んだ呪縛の正体とは何か。幕府の正統性を証明しようとして、逆に「尊皇思想」が成立する過程を描く。　（山本良樹）

ちくま文庫

増補《ぞうほ》 へんな毒《どく》 すごい毒《どく》

二〇一六年十一月十日 第一刷発行
二〇二四年 九 月十日 第三刷発行

著 者 田中真知（たなか・まち）
発行者 増田健史
発行所 株式会社 筑摩書房
東京都台東区蔵前二―五―三 〒一一一―八七五五
電話番号 〇三―五六八七―二六〇一（代表）
装幀者 安野光雅
印刷所 中央精版印刷株式会社
製本所 中央精版印刷株式会社

ISBN978-4-480-43394-7 C0143